# 和实生物 同则不继
## 与"优胜劣汰"发展观的比较

徐道一 ● 著

深圳出版发行集团
海天出版社

图书在版编目（CIP）数据

和实生物　同则不继：与"优胜劣汰"发展观的比较 / 徐道一著. -- 深圳：海天出版社，2012.1

（自然国学丛书）

ISBN 978-7-5507-0300-1

Ⅰ．①和… Ⅱ．①徐… Ⅲ．①自然哲学－研究－中国－古代 Ⅳ．①N02

中国版本图书馆CIP数据核字(2011)第224381号

和实生物　同则不继——与"优胜劣汰"发展观的比较
Heshishengwu Tongzebuji　Yu Youshenglietai Fazhanguan De Bijiao

| | |
|---|---|
| 出 品 人 | 尹昌龙 |
| 出版策划 | 毛世屏 |
| 丛书主编 | 孙关龙　宋正海　刘长林 |
| 责任编辑 | 徐　力 |
| 责任技编 | 蔡梅琴 |
| 封面设计 | 同舟设计/李杨 |

| | |
|---|---|
| 出版发行 | 海天出版社 |
| 地　　址 | 深圳市彩田南路海天综合大厦7-8层（518033） |
| 网　　址 | http：//www.htph.com.cn |
| 订购电话 | 0755-83460137（批发）　83460397（邮购） |
| 设计制作 | 深圳市线艺形象设计有限公司　Tel：0755-83460339 |
| 印　　刷 | 深圳市华信图文印务有限公司 |
| 开　　本 | 787mm×1092mm　1/16 |
| 印　　张 | 10 |
| 字　　数 | 135千字 |
| 版　　次 | 2012年1月第1版 |
| 印　　次 | 2012年1月第1次 |
| 印　　数 | 3000册 |
| 定　　价 | 25.00元 |

海天版图书版权所有，侵权必究。
海天版图书凡有印装质量问题，请随时向承印厂调换。

# 总 序

　　21世纪初,国内外出现了新一轮传统文化热。广大百姓以从未有过的热情对待中国传统文化,出现了前所未有的国学热。世界各国也以从未有过的热情,学习和研究中国传统文化,联合国设立孔子奖,各国雨后春笋般地设立孔子学院或大学中文系。很显然,人们开始用新的眼光重新审视中国传统文化,认识到中国传统文化是中华民族之根,是中华民族振兴、腾飞的基础。面对近几百年以来没有过的文化热,要求加强对传统文化的研究,并从新的高度挖掘和认识中国传统文化。我们这套《自然国学丛书》就是在这样的背景下应运而生的。

　　自然国学是我们在国家社会科学基金项目"中国传统文化在当代科技前沿探索中如何发挥重要作用的理论研究"中,提出的新研究方向。在我们组织的、坚持20余年约1000次的"天地生人学术讲座"中,有大量涉及这一课题的报告和讨论。自然国学是指国学中的科学技术及其自然观、科学观、技术观,是国学的重要组成部分。长久以来由于缺乏系统研究,以致社会上不知道国学中有自然国学这一回事;不少学者甚至提出"中国古代没有科学"的论断,认为中国人自古以来缺乏创新精神。然而,事实完全不是这样的:中国古代不但有科学,而且曾经长时期地居于世界前列,至少有甲骨文记载的商周以来至17世纪上半叶的中国古代科学技术一直居于世界前列;在公元3~15世纪,中国科学技术则是独步世界,占据世界领先地位达千余年;中国古人富有创新精神,据统计,公元前6世纪至公元1500年的2000多年中,中国的技术、工艺发明

和实生物　同则不继

成果约占全世界的54%；现存的古代科学技术知识文献数量，也超过世界任何一个国家。因此，自然国学研究应是21世纪中国传统文化一个重要的新的研究方向。它的深入研究，不仅能从新的角度、新的高度认识和弘扬中国传统文化，使中国传统文化获得新的生命力，而且能从新的角度、新的高度认识和弘扬中国传统科学技术，有助于当前的科技创新，有助于走富有中国特色的科学技术现代化之路。

本套丛书是中国第一套自然国学研究丛书。其任务是：开辟自然国学研究方向；以全新角度挖掘和弘扬中国传统文化，使中国传统文化获得新的生命力；以全新角度介绍和挖掘中国古代科学技术知识，为当代科技创新和科学技术现代化提供一系列新的思维、新的"基因"。它是"一套普及型的学术研究专著"，要求"把物化在中国传统科技中的中国传统文化挖掘出来，把散落在中国传统文化中的中国传统科技整理出来"。这套丛书的特点：一是"新"，即"观念新、角度新、内容新"，要求每本书有所创新，能成一家之言。二是学术性与普及性相结合，既强调每本书"是各位专家长期学术研究的成果"，学术上要富有个性，又强调语言上要简明、生动，使普通读者爱读。三是"科技味"与"文化味"相结合，强调"紧紧围绕中国传统科技与中国传统文化交互相融"这个纲要进行写作，要求科技器物类选题着重从中国传统文化的角度进行解读，观念理论类选题注重从中国传统科技的角度进行释解。

由于是第一套自然国学丛书，加上我们学识不够，本套丛书肯定会存在这样或那样的不足，乃至出现这样或那样的差错。我们衷心地希望能听到批评、指教之声，形成争鸣、研讨之风。

《自然国学丛书》主编

2011. 10

# 目 录

总序 ········································································ i

前言 ······································································ (1)

第一章 "和实生物，同则不继"的内涵 ·································· 1
    （一）史伯提出："和实生物，同则不继" ························· 4
    （二）晏婴的有关论述 ·············································· 6
    （三）"和"是多样事物的统一 ····································· 8
    （四）"生"与"继" ················································ 13
    （五）"和"与"同" ················································ 18
    （六）"和实生物"与"和而不同"的异同 ························ 20
    （七）"和实生物"的理论基础——阴阳的对待统一 ········· 22

第二章 中华传统文化的发展观是"和实生物，同则不继" ······· 29
    （一）《周易》有关论述 ··········································· 31
    （二）诸子百家有关论述 ·········································· 34
    （三）秦以后有关学者的论述 ···································· 37
    （四）当代学者有关论述 ·········································· 39

第三章 "和实生物"在中国古代社会发展中的成果和应用 ······ 47
    （一）多元的中华文明的形成 ···································· 49
    （二）五千年中华民族的持续发展 ······························ 51
    （三）传统农业 ······················································ 56
    （四）中医药 ························································· 63

（五）冶金 ………………………………………………… 68
　　（六）器械（弓箭、车辆） ……………………………… 72
　　（七）音乐 ………………………………………………… 77
　　（八）水利 ………………………………………………… 82
　　（九）阴阳历 ……………………………………………… 86
　　（十）建筑 ………………………………………………… 88
第四章　"和实生物"与"优胜劣汰"发展观的比较 ………… 93
　　（一）西方发展观的主流是进化论 ……………………… 96
　　（二）进化论的核心观念是优胜劣汰 …………………… 97
　　（三）保护生物多样性与优胜劣汰 …………………… 100
　　（四）对"优胜劣汰"的质疑 ………………………… 104
　　（五）两种发展观的比较 ……………………………… 109
　　（六）两种发展观的关系：融合、拼合或互补 ……… 111
第四章　"和实生物，同则不继"在当代的现实意义 …… 115
　　（一）在自然科学中的应用 …………………………… 117
　　（二）发展大成智慧学 ………………………………… 121
　　（三）中国自然科学应选择"和实生物"的发展道路 … 124
　　（四）"和实生物"是构建和谐社会的理论基础 …… 130
结束语 …………………………………………………………… 145
参考文献 ………………………………………………………… 147
总跋 ……………………………………………………………… 149

# 前 言

《国语·郑语》记录了西周的史伯（约生活于2700年前）的一段论述："夫和实生物，同则不继。以他平他谓之和，故能丰长而物归之。若以同裨同，尽乃弃矣。" 其中的"和实生物，同则不继"是史伯在总结了那个时代以前千百年中的古人对自然、社会的认识以后，高度概括而提出的一个十分重要的理论概念。

中华传统思想对"和实生物，同则不继"这一观念历来是很重视的。《老子》四十二章："万物负阴而抱阳，冲气以为和。"五十五章："和曰常，知常曰明。"这里把"和"作为万物演化的规律。《礼记·中庸》："和也者，天下之达道也。"张岱年（1909～2004年）认为："史伯的'和'主要指多样性的统一。"这是在现代意义上对"和"所作的深刻解读。

对"和实生物"可作如下的解释："和"（多种多样事物的统一）是以包容多种多样的事物为前提，以互补、协调、共处为特征的。"实"是"实际上"、"根本上"的意思；"生"是生生不已；"物"是万事万物。"和实生物"的整体涵义是：应重视多种多样事物的存在，它们的功能是可使新事物得以"生生不已"（不断地产生）。

"同则不继"的意思是：相同的事物不利于事物的长期生存。它间接说明"和实生物"是有利于持续发展的。

"和实生物，同则不继"提出了自然、社会发展变化的一个基本原则：重视客观存在的差异的必要性，在差别中互补、妥协、协商、调和、

和实生物　同则不继

对话与相让。它强调世界万事万物都是由不同方面、不同要素构成的统一整体。在这个统一体中，不同方面、不同要素之间存在着相互依存、相互影响、相异相合、相反相成的密切关联。显然，事物虽不一定是越多越好，但肯定不是越少越好。

主张多种事物亲和相处，不是权宜之计，更不是一种手段，而是对事物发展规律的深刻理解和自觉的真诚态度，是一种发展观，发自人的内心及本能。

"和实生物，同则不继"在传统科学技术领域中有着广泛应用，结出了丰富的成果。局限于篇幅，本书仅列举在传统农业、中医药、冶金、器械（弓箭、车辆）、音乐、水利、阴阳历、建筑等领域的一些事例加以说明。仅从这些少数事实就可看出，有关的传统科学技术是归属于与西方科学技术体系存在很大差异的另一个科学技术体系的。

自提出"和实生物，同则不继"至今，已经有2700年。中华民族持续发展的事实证明，这一论断是正确的。它可以合理地解释人与自然、人与人、人的精神与物质和谐相处的基本状况，是宇宙发展、生物演化、社会变化的根本性规律之一。

"和实生物，同则不继"与常见的"和谐"、"和合"、"和而不同"、"和为贵"、"和平"等词在不同程度上存在区别，前者强调"和"的特别重要的意义是"生"物，从而可以持续发展。它应是古代中华文化中"和"的主要涵义。它的寓意十分丰富而深刻，是中华传统文化的核心理论观念、主导意识，也是中华思想体系的重要理论基础之一。

通过对中国传统文化的研究[1][2]，笔者认为：史伯提出的"和实生物，同则不继"的论断可以比达尔文（Charles Robert Darwin, 1809～1882年）的进化论更合理地解释大多数事实和现象，显著优于"优胜劣汰"的发展观。

---

[1] 徐道一：《周易科学观》，北京：地震出版社，1992年。
[2] 徐道一：《周易·科学·21世纪中国——易道通乾坤，和德济中外》，太原：山西科学技术出版社，2008年。

"和实生物"与"优胜劣汰"观念存在显著区别。[①] "和实生物,同则不继"立足于不同事物各有特点,强调各有长处,相互包容,以他人长处来补充自身的不足,着眼于发挥整体协调性,达到整体优化和持续发展的效果;而"优胜劣汰"则人为地夸大(或强调)某一事物的所谓"优势",加以鼓吹,而对所谓的"劣势"事物则忽视,甚至"封杀",以促其淘汰。

20世纪30年代德国法西斯发动血腥的第二次世界大战,其理论依据之一就是所谓的日耳曼民族优于世界其他民族,理应统治世界,并对犹太民族进行种族灭绝,实行所谓"优胜劣汰"。第二次世界大战中德国法西斯以彻底失败而告终,同时也表明"优胜劣汰"观念存在着巨大缺陷。

现今全世界有近200个国家,70多亿人口。随着民众的觉醒,经济的发展,交通的延伸,互联网的应用,人际来往越来越频繁,现有的起源自进化论的"优胜劣汰"观念已完全不能再作为人类社会持续发展的理论基础了。

进入21世纪,中国共产党十六届四中全会提出构建社会主义和谐社会的战略任务,这是在新的历史条件下对祖国优秀传统文化的发扬光大。胡锦涛(1942年~)主席在2005年4月22日雅加达亚非峰会上的讲话中提出"和谐世界"理念。2009年1月31日温家宝(1942年~)总理在西班牙塞万提斯学院演讲中提到中国传统文化时说:"早在两千多年前,中国古代思想家就提出'和实生物'、'和而不同'等思想,主张国家之间、民族之间、人与人之间和谐共处,不同文明之间和谐共存。'和'是中华文化的精髓,是中国人民奉行的崇高价值,在中国历史上起到了促进民族团结,增强民族凝聚力,实现睦邻友好的积极作用。"

建设和谐社会成为中国在21世纪社会发展的主要目标,将有助于协调人与人之间、人与大自然之间的关系,使中国全面持续发展。在这一关键时期,"和实生物,同则不继"可作为建设和谐社会的理论基础之一,

---

[①] 徐道一:《和实生物与优胜劣汰:两种演化观的比较》,《太原师范学院学报(社会科学)》,2003年第4期,第15页。

和实生物 同则不继

成为科学发展观的重要组成部分之一。

对21世纪西方科学（包括达尔文的进化论）的反思，已成为时代的呼唤，实践的需要。人类只有一个地球，如果无限制地追求人的物质享受，企图征服自然，必然导致有限资源（包括能源）的浪费和枯竭，生态环境的破坏，人类将自取灭亡。面对人类共同的严峻挑战，"和实生物，同则不继"观念可以促进天地生人协调发展，避免人为灾难，具有极其重要的现实意义和深远的历史意义。

在21世纪，全世界人民一个共同的愿望是长久的、真正的和平。"和实生物，同则不继"的观念将有助于解决人类社会面临的严重问题。"和实生物"包含了对"和平"的广义的表述：各种事物和谐相处。若有更多人能掌握"和实生物"和"天下和平"的思想，世界就能变得较为安宁。

"和实生物，同则不继"的理念在21世纪将大有用武之地。有人说："思想家曾用'信仰的时代'、'冒险的时代'、'分析的时代'等语言来表示不同时代人类精神的特征。"也许21世纪将是"和实生物"观念的时代。"和实生物，同则不继"这一中华思想体系的灵魂，看来将具有更为深广、更为现实的政治、经济、文化的理论和实际意义。

中华民族的祖先创造了悠久的历史和灿烂的文明，为世界和人类做出了巨大的贡献。作为炎黄子孙，理应如古人提倡的"为天地立心，为生民立命，为先圣继绝学，为万世开太平"那样，为世界和人类做出新的更大贡献，使中国、世界达到协调、和谐、持续发展的境界。

用"和实生物，同则不继"的理念制订共同的愿景，使它成为全国人民一种执著的追求和内心强烈的信念，使之成为国家、民族凝聚力和创造力的源泉。鼓励大家相互理解，相互包容，相互学习，相互合作，增强归属感、责任感、使命感、荣誉感，愿意为家庭、单位、社会、国家和人类的进步事业奉献力量。

新的时代呼唤具有中国文化精神的思想和学说。悠久的"和实生物，同则不继"理念焕发出超越时空的思想风采。中华民族是智慧、勤劳、积极进取的民族，诞生了众多贤达先哲、志士仁人。作为炎黄子孙的后代，沐浴着中国优秀传统文化，肩负着建设和谐社会、和谐世界的历史使命，一定能够传承和发展中国文化精神的思想，对世界和人类做出更大贡献。

  在本书成稿过程中，陈秉杰、高峰先生帮助收集资料（包括图片）、补充和修改手稿部分内容，对本书的完善起了较大作用。基本成稿后，在宋正海研究员的安排下，于2009年11月8日在天地生人学术讲座作了汇报，孙文鹏、周永琴、宋晓砚、王文光、商宏宽等学者提出了中肯的修改意见。在此对各位学者的热情帮助表示衷心感谢。

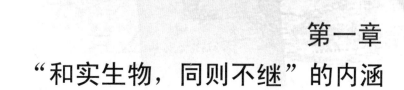

# 第一章
## "和实生物,同则不继"的内涵

## 第一章 "和实生物，同则不继"的内涵

"和实生物，同则不继"的内涵十分丰富、深刻。一方面是万事万物相互联系，各适其位，相互补充，另一方面是成己成物，善对危机，持续增长；一方面是不偏不倚，不执不僵，另一方面是包容协调，生机勃发。

《说文解字》："和，相应也。"指歌唱时相互应和，引申而指不同事物相互配合的关系。"和"字的意义很多，在《辞海》中列出了约20条，主要有"和缓"（温和、谦和）、"协调"（和谐）、"相应"等涵义；但对"和"指不同事物的相成相济这一重要意义没有强调。在《辞源》里"和"有"谐"、"调"、"顺"、"合"等多重释义。总起来讲，"和"主要有四重含义：（1）和生；（2）调和；（3）中和；（4）和合。现代白话文中，"和"字做连接词使用(与英文的"and"涵义相同)的频率很高，人们往往因此忽略了"和"的更为重要的意义。

"和"的最重要的意义应是"和实生物，同则不继"。"和实生物"的思想在中国古代被认为是十分重要的，渗入到社会的方方面面，也是人们追求、向往的一种崇高境界。但到了现代，"和"常被作为调和主义、折中主义的"坏"思想而受到批判。

现在是恢复其本来面貌的时候了。

"和实生物"提倡不同事物的共生共长，有利于相辅相成，不主张千篇一律。"和实生物"的突出意义在于"生物"：新事物可以从多样性的统一中产生。

"和实生物"中的"和"是多样事物的统一；"实"是"实际上"，或"从根本上"；"生"是生生不已；"物"是万事万物。

在中国历史研究中，学者对"和实生物，同则不继"的涵义历来是重视的。一般引用的最早资料是西周末年太史史伯和春秋后期晏婴（前585～前500年）的论述。

和实生物　同则不继

## （一）史伯提出："和实生物，同则不继"

公元前774年（周幽王八年），西周末代君主周幽王（？～前771年）的司徒郑桓公（？～前771年）与史伯讨论天下大势时，史伯提出了"和实生物，同则不继"的观点。《国语·郑语》记录了史伯的论述：

> 公曰："周其弊乎？"（史伯）对曰："殆于必弊者也。《泰誓》曰：'民之所欲，天必从之。'今王弃高明昭显，而好谗慝暗昧；恶角犀丰盈，而近顽童穷固，去和而取同。夫和实生物，同则不继。以他平他谓之和，故能丰长而物归之。若以同裨同，尽乃弃矣。故先王以土与金木水火杂，以成百物。是以和五味以调口，刚四支以卫体，和六律以聪耳，正七体以役心，平八索以成人，建九纪以立纯德，合十数以训百体。出千品，具万方，计亿事，材兆物，收经入，行姟极。故王者居九畡之田，收经入以食兆民，周训而能用之，和乐如一。夫如是，和之至也。于是乎先王聘后于异姓，求财于有方，择臣取谏工，而讲以多物。务和同也。声一无听，色一无文，味一无果，物一不讲。"

史伯在分析周幽王的失败是由于他"弃和取同"以后，提出了"和实生物，同则不继"的理论概括。史伯给"和"做了界定，即"以他平他"。"他"指不同的事物，"以他平他"是以相异及相关为前提的。

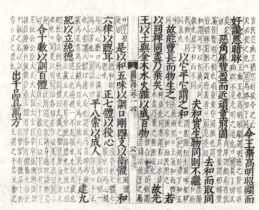

图1-1　《国语·郑语》（明嘉靖刻本）书影

## 第一章 "和实生物，同则不继"的内涵

不同的事物之间相互联系，各得其所，各尽所能，有序互补，就叫"以他平他"。相异的事物可相互协调。"以同裨同"则是以相同的事物相聚、叠加，其后果只能是相互窒息，难以继续。

史伯的生平事迹记录很少，生卒年不详，仅仅知道他当过太史。太史是周官制中较为重要的一个职务，掌管起草文书，策命诸侯卿大夫，记载史事，编写史书，兼管国家典籍、天文历法、祭祀等。有部分学者认为，史伯就是伯阳父（生卒年也不详）。对伯阳父的记录多一些，他当过周宣王（？～前782年）、周幽王两代太史，很早提出"阴阳"的范畴，是最早解释地震现象的人。

史伯认为，只有"以他平他"，才能产生出新事物（"和实生物"）。没有差异的相同事物是不能长期（持续）存在和发展的（"同则不继"）。

"和实生物"是不同事物的相互关联、相互补益，互济产生新事物，生机盎然。史伯列举了许多自然界、社会的事物和实例，来论证"和实生物"的客观存在及重要性。例如，通过金、木、水、火、土各种物品的组合，可以生成（产出）多种多样的物品，列举了五味、六律、七体、八素、九纪等方式能形成和处理多种事物（出千品，具万方，计亿事，材兆物），通过协调和互补，达到事物的美好境界。

史伯提到"先王聘后于异姓"，表明古人当时已认识到，如果婚姻的男女两方的多样性（差异性）不够大，会产生不良后果，形成了"同姓不婚"的观念。他告诫后人："声一无听，物一无文，味一无果，物一不讲。"音乐如果只是一种声音，不会有好听的曲调；物品只是一种颜色，不会有好看的纹彩；菜肴只是一种滋味，不能美味可口……

正因为如此，所以先王做许多事时都按照"和实生物"的原则，而不追求"同"。如果"去和而取同"，便会走向衰败。因为相同事物不断增加，达到一定程度，也就没有继续发展的前途了（"以同裨同，尽乃弃矣"）。西周衰败，其根源是因为周幽王"去和而取同"，"去和"是远离直言进谏的正人君子，而"取同"是偏信奉承听话、迎合自

和实生物　同则不继

己的谄媚小人。

　　史伯所举的事例的范围包括自然、社会、经济等许多领域。他在这里提出的"和实生物，同则不继"的论断是十分重要的。因为这里的"和实生物"，列出多方面事实依据，有明确归纳和结论，已是一种较为系统的理论。

　　史伯是归纳了他以前的古人和当时的认识，上升到理论高度来论述这一问题的。"和实生物，同则不继"，前四字是主要的，后四字是前四字的引申或进一步说明。在本书以下的章节中，为了论述的简明和方便，有时只列出前四字。同样"和实生物"中，"和"是主要的。在论述中有时用"和"来代表四个字，但是由于各个时代的人对"和"有多种理解，因此，在很多场合下，应用"和实生物"（不仅仅使用"和"一个字），以突出"和"的最基本的生生不已的涵义。

## （二）晏婴的有关论述

　　《左传·昭公二十年》记录了春秋时晏婴和齐景公的一段对话：

　　　　公曰："唯据与我和夫？"晏子对曰："据亦同也，焉得为和？"公曰："和与同异乎？"对曰："异。和如羹焉，水、火、醯、醢、盐、梅，以烹鱼肉，燀之以薪，宰夫和之，齐之以味，济其不及，以泄其过。君子食之，以平其心。君臣亦然，君所谓可而有否焉，臣献其否以成其可；君所谓否而有可焉，臣献其可以去其否，是以政平而不干，民无争心。……先王之济五味、和五声也，以平其心，成其政也。声亦如味，一气、二体、三类、四物、五声、六律、七音、八风、九歌，以相成也；清浊、小大、短长、疾徐、哀乐、刚柔、迟速、高下、出入、周疏，以相济也。君子听之，以平其心。心平，德和。故《诗》曰：‘德音不瑕。’今据不然。君所谓可，据亦曰可。君所谓否，据亦曰否。若以水济水，谁能食之?若琴瑟之专一，谁能听之?同之不可也如是。”

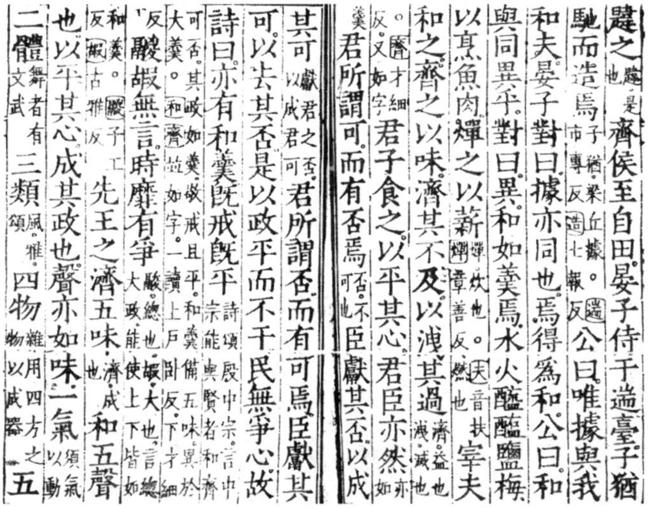
踶之（踶是也）齊侯至自田晏子侍于遄臺子猶
馳而造焉（子猶梁丘據○遄市專反造七報反）公曰唯據與我
和夫晏子對曰據亦同也焉得為和公曰和
與同異乎對曰異和如羹焉水火醯醢鹽梅
以烹魚肉燀之以薪（燀炊也○夫音扶 燀章善反然也）宰夫
和之齊之以味濟其不及以洩其過（濟益也洩減也）
（○齊才細反又如字）君子食之以平其心君臣亦然（亦如
羹）君所謂可而有否焉（否不可也）臣獻其否以成
其可（獻君之否以成君可）君所謂否而有可焉臣獻其
可以去其否是以政平而不干民無爭心故
詩曰亦有和羹既戒既平（詩頌殷中宗言中宗能與賢者和齊
可否其政如羹戒敬也戒且平和羹備五味異於大羹○和齊並如字一讀上戶臥反下才細
反）鬷嘏無言時靡有爭（鬷總也嘏大也言總大政能使上下皆如
和羹○鬷子工反嘏古雅反）先王之濟五味和五聲（濟成也）
也以平其心成其政也聲亦如味一氣（須氣以動）
二體（舞者有文武）三類（風雅頌）四物（雜用四方之物以成器）五

图1-2 《左传》（明万历怀恕刻本）书影

上面提及的“据”是大臣子犹（梁丘据，春秋时人）的名。晏婴说：梁丘据不过是求“同”而已，哪里谈得上“和”呢？齐侯问：“和”与“同”难道还有什么不一样吗？晏婴就讲了上述一大段的话。

“济其不及，以泄其过”是对互补的生动描写，使事物得位适度，不过分突出一方，不彻底否定另外方面。

晏婴的见解与史伯是一致的，也是认为“不同”是事物组成和发展的最根本的条件，以不同事物聚合（“平”）取得互补为“和”，以相似事物的增加为“同”。“和”是指不同事物的相成、相济和互补。例如做菜时，油盐酱醋这些“不同”相互搭配，才能做成美味佳肴；音乐，必须有“短长疾徐”、“哀乐刚柔”等等“不同”，才能和谐优

和实生物　同则不继

美。如果君臣之间,臣敢于提出不同意见,君亦能接受不同意见,相互补充,以得出比较全面的判断,这才是和。总之,"和"是相济相成,相互补充不足。

这里赋予"和"以差异、互补、兼容、相反相成,而非简单凑合的涵义。晏婴进一步指出,所谓各种不同材料,是指相互"对待"的要素,而不是"相同"的要素。

## (三)"和"是多样事物的统一

整个世界是由异质、异性、异态、异位的事物构成,展现出多样性的丰富多彩的图景。只有维持多样性和相互包容,世界才能存在,并持续发展下去。

前面已提到张岱年认为"和"主要指多样性的统一。后人一般亦把"和"理解为"不同事物的统一、和谐或掺和"。因此,"和"的观念与多样、差异有密切的关联,体现包容多样,尊重差异(不同),承认不同事物的相辅相成、相反相济。需要强调的是,差异既不是越大越好,也不是越小越好,应当控制在合理范围之内。

### 1. 多种多样事物的客观存在

《周易·系辞下》中提到:

> 子曰:"天下何思何虑?天下同归而殊途,一致而百虑。"

这是说:天下人在想些什么、考虑什么?普天之下,走的道路是多种多样的,但都要到同一个地方去;考虑的事物是许许多多的,但达到的目的是一致的。

这段话亦是讲多样事物的互补、互济的道理,而不是彼此排斥。

第一章 "和实生物，同则不继"的内涵

事物的多样性是自然界、人类社会的客观存在。马克思（Karl Marx，1818~1883年）说过："人们赞美大自然悦人心目的千变万化和无穷无尽的丰富宝藏，人们并不要求玫瑰花和紫罗兰散发出同样的芳香。"我们常说的"一切从实际出发"，其客观前提就是事物存在着多样性和动态性，所以才要从实际出发。

多样性表示事物的千姿百态，千差万别，也就是很大的差异性，而且它不仅是静态的，也是动态的，具过程性的。但仅仅是多样性是不够的，要达到比较有序的境界就需要不同事物之间的协调。

"和实生物"的先决条件是要有多种多样事物的存在。父母结合，生儿育女，通过多样性的结合，产生新质，使人类不断地繁衍和进步。如果近亲（例如表兄妹）结婚，由于其多样性不够，易生傻、呆、残的后代。古人早已发现这一情况，规定了一定的"礼"来防备和避免。中国先秦就有"同姓不婚"的礼制，因古之同姓，源于一支。《国语·鲁语》云："同姓不婚，惧不殖生。"上文所引史伯语"先王聘后于异姓"亦是此意。

对待多种多样的事物，主要的态度应是包容，兼收并蓄，具有厚德载物的博大胸襟，聚集不同事物，以达到殊途同归、百虑一致的良好环境。

"和实生物"所需要的多样性不一定越多越好，而是要适度，这个度亦是随条件而变化的。

**2. 统一的多层次涵义**

统一意味着多种事物处于同一域境之中，它们之间存在一定程度的联系。这种联系的意思是任何一个事物皆在不同程度上依赖于其它事物的存在及呈现的状态，而不是意味着多种事物变为同一。"统一"的主要含义是：事物仅仅停留在多样性亦是不够的。组成多样性的各种事物必须彼此能按一定客观"节律"组合在一起。这样的多样性不是互相排斥、互相干扰、互相攻击、非此即彼（如优胜劣汰）的趋向同一的关系；

### 和实生物　同则不继

相反，它们之间在很大程度上可以是互补、协调、配合、共存、共处地保留原来基本差异的关系。

《中庸》中的"喜怒哀乐未发谓之中，发而皆中节，谓之和"，以及西汉贾谊（前200～前168年）《新书·道术》"刚柔得适谓之和"中的"节"、"适"，都表示必须有一定程度的协调。譬如一个交响乐队，有各种乐器，可以发出各种声调，如果每种乐器都是各吹各的调，所发出的声音就是难听的噪声；只有按一定曲调、一定节奏协调演奏，才能成为一首悦耳的交响乐曲。中国古人认为最能体现"和"的是音乐。从多样性发展到"和"是事物发展的理想境界。

在许多古代器物及服装上都能看到各种各样的纹饰，表示一种杂多而有机统一的美。《周易·系辞下》："物相杂故曰文。"自然界中的雷霆震荡、风雨勃兴、四季更替、日月轮回、万物枯荣等大自然变化节奏也显示了多样性。世界万物都是相辅相成的。

仅仅是多样性是不够的。如果多种事物杂乱相处，则可能会引起冲突、对立、对抗、征服和破坏。只有当多种事物之间能互相协调、配合及共处时，才可以达到"和实生物"的高尚境界。许多乐器具有不同的音调和音色，能协调地吹奏、配合，才能演奏成一曲动听的交响乐。不同个体或部分之间的协调，这就是"和实生物"。不然，在音乐方面则形成噪音，对人产生危害。

史伯的"以他平他"的"平"就包涵了上述的意义在内，此义现代语言用"统一"来表示。"统一"细分可包括多层涵义，试作如下解释：

**（1）互补、互济层次**

某些不同事物之间可以互相取长补短，通过联合、合作等形成单个个体不具有的优势。例如：男女结合成家庭（统一），可具有男女单独相处所没有的优势，男与女各自基本上还是原来的状态；自然界中两个氢原子和一个氧原子合成水（统一），具备了氢、氧原来没有的性质，但是，氢与氧的原子性质也没有根本性的改变。因此，"统一"不是意味着其组成部分有本质上的改变。

（2）协调、配合层次

某些不同事物之间关系不如互补、互济层次那么密切，但亦可以起到一定的配合作用。例如：在学校的一个班中有20个学生，他们之间没有根本利益的冲突，在体育、文化等方面可互相学习、交流，大有裨益；其中少数人之间可发展成为知心、亲密关系，达到互补层次。又如：一个临时组建的旅行团，旅行者来自四面八方，他们的关系要较亲朋好友疏远得多，但是他们能够相互配合、相互帮助，共同度过美好的旅行时光。

（3）共处、共存层次

有些事物之间存在一些小的不一致，它们之间的差异达不到上述两种关系的层次，也应采取"厚德载物"、尊重差异、包容"不同"的正确态度，来发展共处、共存关系。老子贵柔、谦下、宽容等思想是以不争、不大、无为、不主、不私为基础的。上例中一个班级中有些同学很少与其他同学来往，在集体中似乎看不到有什么作用，也没有大的负面影响，也应包含在统一之中。

对共处、共存关系主要着眼于它的发展过程，在可能的条件下，要尽量维持和保存共处、共存关系，而不要反对；要基于相反相成、互相作用的理念来认识动态变化；要认识到许多事物都是内在地联系在一起的，相互之间都有可能构成依赖条件，因而不能随便（任意）淘汰、消灭其它事物。如下节提及的鸡鸣狗盗之辈在孟尝君危急时刻他们发挥了关键作用，使孟尝君渡过了难关。这就意味着这种"谦下、宽容、不争"等是由于认识到鸡鸣狗盗之辈在未来可能具有的潜在价值，是发自内心的真诚的态度。只有这样，才是深刻地理解了"和实生物"的意义。

刘长林（1941年～）认为："合"指万物内部各组成部分之间以及不同物类相互之间，表现出萃聚不离的趋向。"和"则进一步表明，

## 和实生物　同则不继

这些组成部分和萃聚不离的事物之间，还将发生协同、合作、冲和的作用。"和"中自有"合"在。①因此，"和"已包括"合"在内，"合"是"和"的一部分。

田辰山认为：在差异中，看到"共通"、"互动"、"依赖"、"合作"的共同点，在一定条件下，表现为"互补"、"互利"、"共荣"的好处。……所以，"辩证统一"可理解为任何相互依赖事物之间的共存、互变、相辅相成或同含某一素质等。②

"天之道，不争而善胜。"③"人之道，为而弗争。"④在《老子》中谈到"不争"或"弗争"的地方很多。在老子看来，"争"就不是"和"，或者说是与"和"相反或不相容的；"不争"或"弗争"才是"和"所要求的、符合于"和"的内涵的。《论语•八佾》："子曰：君子无所争，必也射乎！"孔子也提倡"不争"思想。

胡发贵（1960年～）认为：因这种统一包容了新的因素，使"小我"融入了"大我"之中，从而也使小我的存在和发展具备了新的可能性。……使人摆脱并超越了小我之"同"的孤寂状态，而进入大我之"和"的生生不息的生命大循环……⑤

世界上存在着众多的事物，古人常简称为"万物"。对待"万物"有两种截然不同的态度：一种态度是把万物加以区别，把人作为"万物之灵"，以人为中心，认为人高于其它生物和自然，把其它生物亦区别优劣，等级分明；另一种态度是让人与万物处于平等地位，包容万物，相互协调发展，人也要向万物学习，或由它们得到启示和灵感。不同的人在社会上的分工不一样，但是，从根本上看，人人是平等的，无优劣

---

① 刘长林：《中国象科学观——易、道与兵、医》，北京：社会科学文献出版社，2007年，第390~391页。
② [美]田辰山：《中国辩证法：从〈易经〉到马克思主义》，萧延中译，北京：中国人民大学出版社，2008年，第14页。
③ 朱谦之：《老子校释》，北京：中华书局，1984年，第287页。在《帛书老子•第三十八章》中作"天之道，不战而善胜。"
④ 《帛书老子•第三十一章》。
⑤ 胡发贵：《儒家朋友伦理研究》，北京：光明日报出版社，2008年，第三章，第二节。

之分。

"和实生物"是多种事物互相密切地配合,达成一个统一的整体。它们之间虽然差异有大有小,甚至包括截然相反的事物,但是通过相互包容、协调、互补等,组成为一个统一体,从而达到更高层次。

《周易》在很大程度上就是讲述如何处理上述关系的。《周易·系辞上传》:"子曰:君子之道,或出或处,或默或语;二人同心,其利断金;同心之言,其臭如兰。"有学问的人或出而服务天下,或隐处而独善其身;或沉默不语,或发表论述;如果两人心志都是一致的,则其锋利可以切断坚硬之物;心志相同的人所发出来的议论,如兰花一样芬芳。这里前者讲的是多样性,后者就讲的是协调后可达到"和实生物",发挥大作用。《周易·彖传·乾》"乾道变化,各正性命,保合大和,乃利贞",主要论述的也是这一层意思。"各正性命"表征多样性,"保合大和"表征"和实生物"的进程和结果。

"和实生物"是一种联系的、动态的、包容的、多方位的、多角度的、协调的、着眼于长期的理论思维的精炼表述。差异是良性循环的前提,多样是繁荣兴旺的基础。中国传统文化一向重视差异及多样的重要作用。

## (四)"生"与"继"

"和"的功能有两方面:生物和继承。"和实生物"强调"和"的结果可以产生出新的事物。在这里的"生"有新生的涵义。"生"的涵义是不断地生长,产生新的事物;"继"则是使事物能长期地保持下去。这两方面都是万物与人能够长期存在、发展的重要方面。

《周易·系辞下》:"天地之大德曰生。"《周易·系辞上》:"一阴一阳之谓道,继之者善也,成之者性也。"万物之所以生生不息,原因之一就是由于存在差异。阴阳是最根本的差异。"和"是万物化生的

和实生物 同则不继

表现形式和结果。

## 1. 生物

甲骨卜辞中的"生"字像草木由土中滋生而出（图1-3）。《说文解字·生部》释"生"为："生，进也，象草木出生于土。""生"指自然万物的滋生成长，也指人的出生成长。《周易·系辞上》说："是故易有太极，是生两仪，两仪生四象，四象生八卦，八卦定吉凶，吉凶生大业。"朱熹（1130～1200年）在《周易本义》中认为："太极"至"八卦"的衍生原理，是一生二，二生四，四生八的过程。

（甲骨文） （金文） （小篆）

图1-3 甲骨文、金文及小篆的"生"字

《周易·系辞上》："生生之谓易。"孔颖达（574～648年）疏："生生，不绝之辞。阴阳变转，后生续于前生，是万物恒生，谓之易也。"（《周易正义》卷十一）

"天地絪缊，万物化醇；男女构精，万物化生"（《周易·系辞下》）指万物时时处于生生不息的变化状态之中。"生生"，指事物不断地生而又生，由旧变新，变化不绝。易经中讲变易，即指生成，如果说自然有选择，那么其偏好就是"好生"。[①]

《大学》："汤之《盘铭》曰：'苟日新，日日新，又日新。'"《诗》曰："周虽旧邦，其命惟新。是故君子无所不用其极。" 张载说："天地之生唯是生物，天地之德曰生也。"（《横渠易胁》）《吕氏

---

[①] 李曙华：《天地之大德曰生——中华科学传统的基本特质》，见孙关龙，宋正海编：《自然国学——21世纪必将发扬光大的国学》，北京：学苑出版社，2006年，第53页。

春秋·有始》曰:"天地合和,生之大经也。"《荀子·礼论》曰:"天地合而生万物,阴阳接而变化起。"《大戴礼记·哀公问》曰:"天地不合,则万物不生。"

这些都明确指出"生"是一个发展过程,是一个新事物产生和形成的过程。

"和"能产生新事物这是大家易于理解的。当代许多学者强调多种学科交叉的重要性就在于可以产生新概念、新思想、新发现、新技术。"和实生物"的精神有利于人们能够渡过、减少、抗御灾变性事件,也是使人们能够继续生存的必要条件。

多年以来张岱年提倡综合创新的文化观,这种文化观包括三个层次:一是马克思主义与中国文化优秀传统的综合;一是中国的优秀传统与近代西方文化的先进成就的综合;一是儒、道、墨、法四家的综合。分析可以发现以前不知道的事物,但不能创造新的事物;唯有综合,建立新的结构关系,才能产生新的以前从未有过的东西。[1]"综合创新"的观点是"和实生物"在当代的表现形式之一。

孔子(前551～前479年)说的"三人行必有我师"是源于"和实生物"观念的。每个人都有自己的优点和缺点。在这个方面我比你有长处,但在其他方面,你比我优点多,可互相学习,互为老师。优与劣的区分是相对的,有条件的。客观条件变化,优劣的区别也要发生变化。

今人刘长林对"生物"的涵义作了深入的剖析。他认为"生"或"生物"有三层意思:(1)通过"和"可以产生出比原来内容更丰富、更优良、更富于生命力的新质。"故能丰长而物归之。"(2)具有新质的事物的诞生是以自然长出的方式进行的。(3)所生之新物与原物既有质的跳跃,同时又有质的衔接。……整体所生之新属性、新功能,不属于各自孤立的构成要素,而只为按"和"方式结合起来的整体所具有。[2]

---

[1] 张岱年:《中国文化发展的趋向》,人民日报(海外版),1996年10月31日第8版。
[2] 刘长林:《"和实生物"与中国文化的未来》,《孔子研究》,1996年第3期,第92、93页。

和实生物　同则不继

由"和"产生的"新",具有与西方的由"矛盾"取得的"新"不完全相同的涵义。矛盾是通过一方"吃掉"另一方,产生新的矛盾,形成新质,因而导致西方革命观大多主张与旧世界、旧传统作彻底的决裂,才能为新事物的诞生创造条件。而由"和"产生的新质则不排斥、不取消旧有的多样性。正如儿女成长不会把父母的"死亡"作为必要条件一样,而儿女确实具有与父母不同的新质,这是客观存在的事实。

**2. 继承**

史伯指出"同则不继",表明"和实生物"除"生物"功能之外,尚有继承、继续的功能。

继承的问题在《周易》中表述为"久"。《恒·象》:"日月得天,而能久照;四时变化,而能久成。"这里强调多种事物的变化方能长久。

中国人都知道鸡鸣狗盗的故事。孟尝君为战国四公子之一,姓田名文。父亲去世后,田文在薛邑(今山东滕县南)继承了爵位,称薛公,号孟尝君。他被齐愍王(?~前284年)任为相国。门下食客有几千人,他对他们不分贵贱贤愚,待遇一律相同。公元前299年孟尝君接受君命到秦国,秦昭王(前324~前251年)让孟尝君担任秦国宰相,后又罢免了他的宰相职务,并要杀他。孟尝君知道情况危急,就派人见秦昭王的宠妾请求解救。那个宠妾提出条件,要孟尝君那件天下无双、价值千金的白色狐皮裘,但那件白色狐皮裘孟尝君已经献给秦王了,孟尝君为此忧心。宾客中有一位会装狗的盗出了狐皮白裘,献给了昭王宠妾,使昭王释放了孟尝君。孟尝君获释后,立即逃离,夜半时分到了函谷关。按照关法规定鸡叫时才能出关,宾客中有个会学鸡叫的能人,他一学鸡叫,附近的鸡随着一齐叫了起来,赚开了关门,使孟尝君逃过了后悔的秦昭王的追赶。

当初,孟尝君把所谓鸡鸣狗盗之辈安排在宾客中的时候,很多宾客感到羞耻,觉得脸上无光;等孟尝君在秦国遭到劫难,靠着这两个人得以解救，宾客们都佩服孟尝君广招宾客不分贵贱贤愚（优劣）的做法。

由这个流传两千年的故事可体会到多样性在危机四伏时的极其重要的作用。在孟尝君最危急的时候，原来被多数人认为最没有用处的两个人起了最关键的作用，使孟尝君得以脱险。

这一故事生动地表明：虽然鸡鸣狗盗之辈名声不好，在平时也很少用得着他们，但在突发性的关键（危难）时刻，他们也能用其所长发挥重要作用。如用"优胜劣汰"观念对待他们，他们早就被"淘汰"掉了。这生动地说明"和实生物"的重要意义是从长期、整体、发展（长治久安）的角度来看待万事万物。

在农业生产中，古人便有杂种五谷以防旱涝灾害的思想及实践。《汉书·食货志》有"种谷必杂五种，以备灾害"之语，颜师古解释："岁月有宜，及水旱之利也。种即五谷，谓黍、稷、麻、麦、豆也。"五谷或宜干旱（如黍），或喜温湿（如豆），天气变化无常，单一作物往往无法应对气候变化带来的严峻挑战，而多样作物则能有效地对抗气候变化或自然灾害带来的损失，从而实现旱涝保收；这对于人类自身的生存发展具有重要的意义。

古人以稻、麦为主要食物。在正常年景，小麦、水稻的产量高，收获也多，但是，在发生洪水、干旱、虫害时，如果种的仅仅是少数或单一的作物，一旦绝收，人们就难以维持生存。如果我们因地制宜、因时制宜，播种五谷杂粮，众多的作物中总有一些能够抗御所遇的灾害，这样就可以获得部分粮食，帮助人们度过最危急的时期，使人们能继续生存下去。

人类通过生儿育女的方式可以繁衍生息，这并没有太大的困难。问题在于当有大的天灾人祸（如大地震、大洪水、大瘟疫、战争和突发事件等）发生时，如果没有多样性，则难以使人类持续生存下去。

继承的概念强调时间的因素。刘长林认为："和实生物"可以看做中国古代对整体的理解和概括。"和实生物，同则不继"突显了时间的重要意义，它着重把整体看做是时间的流程，是生生不已愈益丰富多样

和实生物　同则不继

的历史。①

总之，史伯所主张的"和实生物，同则不继"是有选择地在若干不同事物间建立整体关系，它们互相充实，协同合作，从而产生更加优良的新物类，新品性。"和"的实质是调和多元因素与协调众多关系以"生物"；"生"的内涵是众物互补以共生、共荣。因此，"和实生物"是立足于长期、整体来看待、处理问题的。

### （五）"和"与"同"

中国传统文化一向重视差别，很早就认为"不同"是事物发展的根本。《周易·系辞下》说"物相杂，故曰文"，《国语》说"物一无文"。史伯和晏婴进一步区分了"和"与"同"，认为"和与同异"，只有杂多和存在互补的事物才是相济相成的。

"和"是丰富多样，"同"是千篇一律；"和"是相辅相成，"同"是相互重复。"以他平他"是以相异和相关为前提的。相异的事物相互协调、共处，就能发展；"和实生物"是客观世界的真实反映。

儒家强调的"和而不同"起源于"和实生物，同则不继"的思想，是后者在人道中的体现。"和而不同"强调事物多样性、包容性、协调性，不去强求同一，在符合人道的基础上，允许人们思想、言行的不同，而不是相反。

天地生人的理想境界是通过"和实生物"来实现的。儒家把和谐作为人与人、人与自然之间关系的规范。人与人的关系需要和谐相处，利己利人。一些人尽管物质享受丰富，但他们只重实利，不讲情义，人情淡漠；只讲征服，不讲和平：这些都是非人道的，不能长久的；他们的生活也不会是真正幸福的。

---

① 刘长林：《"和实生物"与中国文化的未来》，《孔子研究》，1996年第3期。

## 第一章 "和实生物，同则不继"的内涵

### 1. 对"同"的不同层次的理解

在《礼记·礼运》中记录了孔子对大同的认识：

> 大道之行也，天下为公，选贤与能，讲信修睦。故人不独亲其亲，不独子其子；使老有所终，壮有所用，幼有所长，矜寡孤独废疾者皆有所养。男有分，女有归。货，恶其弃于地也，不必藏于己；力，恶其不出于身也，不必为己。是故谋闭而不兴，盗窃乱贼而不作，故外户而不闭。是谓"大同"。

孔子说：在"大道"通行的时代，天下为公众所有，选拔人才注重品德和能力，讲信义，重和睦。所以，人们不只亲敬自己的父母，不独爱抚自己的子女；使老年人能得善终，壮年人有用武之地，年幼者能得到抚育，鳏寡孤独和残疾者都能得到赡养。男子都有自己的职业，女子都有个美满的家庭。财物只怕弃而不用，但不必据为己有；能力只怕无法贡献出来，不必为了自己。因此，阴谋诡计受到禁锢而不会出笼，盗窃作乱的事也不会发生，所以连外面的大门也可不关。这样的社会可称"大同"。

这里明确强调差异的存在，讲述了尊重多种多样人物，使他们都得到发挥才能的机会和应有的关爱，把这称为"大同社会"。这种强调差异的存在的理想，恰恰是"和实生物"的内在精神。这里的"同"是高层次的"同"（大同），其基本含义与"和"是相通的，而不是"同则不继"中的"同"（可称为"小同"，有人命之为"同同"）。《论语·卫灵公》："道不同不相为谋。"这里的"同"应是"大同"。

### 2. 对"和"与"同"的片面理解

当前一些人存在对"和同"的片面理解，搞不清"和"与"同"的区别。有人在解释、推崇"和而不同"时说："和"的起点在于"人同此心，心同此理"。所以不同的人物、不同的人群、不同的民族、不同

### 和实生物　同则不继

的国家可以相互沟通，相互认同。①这是没有了解"和而不同"的真正含义，他们片面认为，"和谐"即是"同一"，如果稍有不同、稍有分歧，就认为是"不和谐"。

一些学者把"和"、"同"混淆在一起，把古人的认识歪曲成以"和同"为特征的社会理想，并认为"和"主要体现为准则、系统等等，则离"和"的原来涵义很远了。另一些学者认为："和"的本质是在与"同"的冲突中呈现的。②

易超认为：差别越小则和谐的水平越高，所以差别的大小与和谐的程度成反比。差别越大，动力越大，事物发展运动的速度越快，则越不稳定，越不和谐。③一些学者认为：揭示（存在于中西方文化中的）"同"和研究"同"，沟通异域文化，才是深层文化比较研究的目的所在。……确信人类创造文化有共同的心理机制，情感体验和思考思路，从而在审视异域文化"异"的同时，更关注"异"中之同。④也有学者提出：走出了"西方中心主义"和"反传统主义"的困境，同时也就落入到了文化上的"自我中心主义"和"孤立主义"的陷阱。

上述诸多学者的观点，都没有触及"和实生物"的原意，甚至背离了"和实生物"的真实内涵。如此认识、解读、运用传统文化中的"和实生物"，有弊无利，亟待澄清。

### （六）"和实生物"与"和而不同"的异同

《论语·子路》记录了孔子说的一段话："君子和而不同；小人同

---

① 《世界聚焦中国，构筑文化交流平台——首届世界中国学论坛主旨报告》，《社会科学报》，2004年8月19日第1版。
② 张立文：《和合学概论——21世纪文化战略的构想（上）》，北京：首都师范大学出版社，1996年，第442页。
③ 易超：《和谐哲学原理》，重庆：重庆大学出版社，2007年，第116页。
④ 公车：《"文化比较"应更关注"同"》，社会科学报，2007年5月24日第8版。

而不和。"这是提倡一个人要有自己的观点和见解,与人来往,不要盲从,同时也要包容别人。孔子喜欢给别人提意见,也希望别人对他提意见。这与现在提倡的批评与自我批评精神相似。在《论语·先进》中记录了孔子对颜回(前521～前481年)提出的批评:"回也,非助我者也,于吾言无所不悦。"颜回对孔子所说的话无不心悦诚服,孔子认为颜回不是对他有帮助的人。学问上要相互切磋,才能互相进步,而颜回对于孔子的话无所不悦,没有自己的见解和看法,受到孔子批评。

与之相反,那种水平低,或品行低下、趋炎附势的人则是主张同而不和的。如把自己的意见强加于人,听到不同意见就不高兴,不希望、甚至不允许相异观点的出现,更有人不敢有或者有了自己的见解也不敢提出,一味苟合、讨好权势,极尽趋炎附势之能事,甚至依仗权势、财势进行打击、报复,铲除异己,唯我独尊。这样的人或早或迟是要失败的。

当前国内外一些学者在论述构建和谐社会的理论依据时主要提到的是"和而不同"。他们偶尔涉及"和实生物",也仅仅作为"和而不同"的由来而提及。

笔者认为:以"和实生物,同则不继"作为和谐社会的立论依据,将更具有说服力。"和实生物,同则不继"的提法要优于"和而不同"。理由如下:

(1)"和而不同"的提法表示一种静态,只是表明:多种事物不同,它们不相互冲突,可以共长,而没有说明为什么"要和,不要同"的依据所在。"和而不同"的提法本身没有明确包含"生"和"继"的涵义。

"和实生物,同则不继"则表示一种动态,指出了弃"同"而取"和"的理由,即"和"(多样性的统一)可以生生不息,繁衍新事物;而"同"则导致雷同事物叠加、重复,最终固步自封,相互窒息,不利于持续发展。

(2)"和实生物,同则不继"提出时,史伯对它的中心思想有相

和实生物 同则不继

当详细的论述,涉及自然、社会、人事等方面。其后,晏婴亦有范围广泛的论述。"和实生物,同则不继"显然可作为史伯有关自然、社会发展观念的系统论述。

"和而不同"主要是作为一种处理人际关系的准则提出的,仅限于表述人与人之间的"君子"和"小人"的差异。《中庸》提到:"致中和,天地位焉,万物育焉。"把"中和"作为天地间基本规律,但是,它与"和而不同"不是在同一篇章中。"和而不同"的提法仅是在一个方面继承了"和实生物,同则不继"的基本思想。可以把它引用、推广,在家人之间、朋友之间、政党之间、国家之间、文化之间都能适用。但是,它的原意也仅仅局限于社会、文化层面,很难推广到自然层面。从这方面来说,"和而不同"所涉及的范围比"和实生物"狭小得多。

所以,把"和实生物,同则不继"作为和谐社会的理论依据显然要比"和而不同"好得多。

## (七)"和实生物"的理论基础——阴阳的对待统一

阴阳理论主要探讨一阴与一阳两者之间的关系;"和实生物"则是把两者扩展到多种多样事物之间的关系。"和实生物"的理论基础是阴阳的对待统一。

在文献中常见到把"对待"与"对立"相混淆,把阴阳与矛盾相混淆。笔者在《周易与21世纪》(2000年)一书中对"阴阳的对待统一"与"矛盾的对立统一"的区别已有详细的论述。在这里作简略的介绍。

### 1. "阴阳的对待统一"与"矛盾的对立统一"的区别

中国古代思想体系的核心阴阳学说与欧洲二元对立论存在明显差别,然而近百年来,学者大多把"阴阳"说成是"对立"的统一,近来

## 第一章 "和实生物，同则不继"的内涵

才有人强调阴阳是"对待"的统一，与对立的统一相区别。

相对于"矛盾"一词来看，"阴阳"一词的涵义主要是具有差异和互补的意义在内，虽然也包括了"对立"的涵义在内。阴阳主要反映了事物的两种具基本差异的特性。例如：男人为阳，女人为阴。男女在许多方面有差异，但同时在许多方面又有共同点。因此，不能用对抗、对立、你死我活的概念来概括及理解男女之间的"阴阳"性质的差别。一男一女结合成夫妻的结果可养育后代，代代相传，使人类能不断地发展和进步。男女结合的结果不是只要男人，不要女人，或是相反，而是夫妻和谐，互敬互助，白头到老。所以，用"矛盾"难以解释上述男女结合成家庭，代代相传的情况。

所谓对待观点，即认为任何事物都包含相互不同的两个方面（存在差异），它们之间是相互依存、相互包含、相互转化的，在很多情况下是互补的，有时也可能是对立的。这在许多古人的著作中可以见到。《老子·二章》："有无相生，难易相成，长短相较，高下相倾。"《周易·系辞》提出："一阴一阳之谓道"，"刚柔相推而生变化"。张载（1020～1077年）在《正蒙·太和》中说："两不立则一不可见，一不可见则两之用息。两体者，虚实也，动静也，聚散也，清浊也，其究一而已。"班固（32～92年）在《汉书·艺文志》中提出："仁之与义，敬之与和，相反而皆相成也。"仁与义、敬与和是相反的两个方面，而又相互补充，相互依赖，具有统一性。古代的礼乐文化就是"敬"与"和"相反相成思想观的具体体现。

这与西方的"对立"观念有很大差别。在古希腊，人们认为人与自然是对立的，把自然看做外在于人的神秘存在，从而充满了探求自然奥秘的好奇心。希腊的赫拉克利特（Herakleitos，约前540～前470年）认为："一切都是通过斗争和必然性而产生的。"[①]这是西方思想界关于人与自然关系的主流看法，即将人与自然对立起来，把自然看做外在于人

---

[①] 北京大学哲学系外国哲学史教研室编译：《古希腊罗马哲学》，北京：生活·读书·新知三联书店，1957年，第26页。

## 和实生物 同则不继

的神秘存在，同时也充满征服自然的欲望。

阴阳是"对待的统一"。"对待"包括三方面内容：差异、互补和对立。这样，阴阳的对待统一可理解为差异的统一、互补的统一、对立的统一的总和。

（1）差异的统一

这是客观多样性的反映。例如，世界上70多亿人、以亿万计算的生物之间存在差异，彼此之间多数是互依、互济、共处的，并不是"对立的"、"一方克服另一方"、"一方取代另一方"的"你死我亡"的关系。差异的统一在数量上是最多的。

（2）互补的统一

许多事物之间存在着互补的统一。如男人刚健，活动性强；女人柔静、宽容、心细。两者结合能得到较好的结果。在正常时期互补的统一是推动事物发展演化的最重要因素。

（3）对立的统一

对立也具有相当的重要性，但主要是在非常时期或特殊情况下，可起到关键性作用。如在战争中，你不打死敌人，就要被敌人打死。

对待的统一与一致性（同一性）是有区别的。多种多样事物的所有因素都是平等参与者，仅仅是发挥的作用不一样而已。它们之间的相互影响必须协调起来，才能在整体上达到较好效果。所谓的统一性主要指相互联系，有不同的层次，不意味着多样性的减少或同一。如果诸多事物或诸多要素趋于同一，便抹杀了事物的多样性，不利于事物的长久发展，也同对待的统一精神相背离。

成中英（Chung-Ying Cheng，1935年～）对比了中西文化对辩证法的理解的基本差别。他把黑格尔的辩证法称为冲突辩证法，其主要内涵为：①世界（主观上）是以一不可再断分的整体呈现在我们面前（正）；②世界凭借"既有"及其反面之间的冲突与对立，来实现自身（反）；③世界经过冲突因素之间的更高综合，达到一种更高层次的存在（合）；④世界按照这种过程不断地上进，愈来愈逼近理想中的完美。在这种辩证法指导下，冲突的存在意味着敌对、憎恨与不合作，使斗争成为必需，唯有尽力去斗争，其间没有互补与互存，冲突是世界真相中不可或缺的要素。斗争是绝对的，而和谐是暂时的。

成中英把以《周易》为代表的中国传统的辩证法称为和谐辩证法，其主要内涵为：①万物之存在皆由"对偶"产生。②对偶同时具有相对、相反、互补、互生等性质。③万物之间的差异皆生于原理上的对偶、力量上的对偶和观念上的对偶。④对偶生成了无限的"生命创造力"、"复"的历程、事物与事物之间的互化性，以及"反"的过程。⑤冲突可在对偶之间的互生关系等的架构中化解。⑥人可经过对自我的及实在的了解，发现化解冲突的途径。他认为：从冲突与对立中的对偶性及相对性，趋向于互补性和互生性，通过关系的调整，从而趋向于一个没有冲突和没有对立的世界。①

上述对"和谐辩证法"的论述中提及"冲突"和"化解"，而没有用"矛盾"概念，表明他的"冲突"不具有矛盾的"对立"性质。

互补（以及对待）与对立的涵义确实不一样。对待承认对待两方之间的协调和双方互相限制和共存，而对立的概念强调其对立双方之间斗争的绝对性、统一的暂时性和相对性。

此外，差异亦可产生阴阳属性的不同。如向阳的一面是阳，背阳的一面是阴，而且随着太阳的运移，阴阳的位置亦在不断地变化。两者之间的关系既不是对立，也不是互补，是由差异产生的。

阴阳是普遍的，存在于事物的一切过程之中，又贯串于一切过程的始终。"阴阳"比"矛盾"的涵义更广、更深。正如张立文（1935年～）指出的："阴阳的内涵更广阔、更深刻。阴阳的包涵性、适应性更强，而具有一定的普遍性。"②

---

① 成中英：《世纪之交的抉择——论中西哲学的会通与融合》，北京：知识出版社，1991年。
② 张立文：《中国哲学范畴发展史（天道篇）》，北京：中国人民大学出版社，1988年。

### 和实生物 同则不继

阴阳与矛盾的主要不同点在于对"一分为二"两者之间的基本关系的理解不同。阴阳概念认为对待双方之间的关系以互补为主,而矛盾概念则认为对立双方之间的关系以斗争为主。阴阳是对待的统一虽不否认其中有对立的存在,但比较强调阴阳互补;后者虽不否认有非对抗性矛盾、差异矛盾的存在,但比较强调矛盾双方的斗争方面,以及经过斗争,使一方战胜另一方。这种差别表现了中国和西方的不同思维方式。

这样,用阴阳是对待的统一来概括自然界事物这一基本属性,比用矛盾是对立的统一的涵义更广泛,更具普遍性。

**2. 阴阳与"和实生物"的关系**

阴阳的对待统一中包括了对立统一,而"和实生物"中的"和"仅仅包括差异和互补的内容,没有把对立包括在内。

阴阳对待的结果可以出现吉、凶、悔、吝,而"和实生物"强调其中的有利(吉)的一面,不包括凶、悔、吝等方面。阴阳是对待的统一,而"和"是多样事物的统一。因此,如果把阴阳与"和实生物"混为一谈,是不妥的。

一些学者没有理解"和实生物"、"阴阳"的真实涵义,认为:"'和'是有差别的统一,即不同事物、不同人之间的协调融合,亦即对立统一。" 有学者认为:"凡不是对立的统一,就不是'和'",又说:"和"的本质是和而不同。"不同"指的是有差异,有对立,有纠纷,有冲突,有矛盾。"和"是由诸多的不同因素构成的统一体,这些因素彼此不同而又相互补充,从而形成一种稳定状态。[①]有学者认为:"社会和谐就是社会矛盾的同一性方面。"这也是不合适的,不能从"矛盾"的基础上来理解"和谐"。

这里把"和"定义为"对立统一",或等同于"对立统一",与"和"的涵义显然不一致,应是概念的混淆。

---

① 陈胜利:《和气生财》,成都:四川文艺出版社,2008年,第14、22页。

笔者认为，阴阳是比"和实生物"更为基本的层次，两者不是同一个层次。"和实生物"是阴阳在实际应用中的延伸。

天、地（地球）、生（生命）、人（人类社会）之间的关系从根本上来看应是"和实生物"的。人与自然、人与万物、人与生物、人与人之间的基本关系也应是"和实生物"的。"和实生物"是个人、社会、民族、国家、万物所必需的。人要亲和万物，这是人类社会能继续生存、发展的必然要求之一。

# 第二章

# 中华传统文化的发展观是"和实生物,同则不继"

第二章 中华传统文化的发展观是"和实生物，同则不继"

"和实生物，同则不继"是中华传统文化的核心观念之一。自远古以来对"和"有较多的论述。在此仅作简要的介绍。

在甲骨文中有"龢"字，如《殷墟书契前编》中的"贞上甲龢"，《铁云藏龟》上的"勿龢"。一般认为，在"调和"这个义项上，"龢"字为"和"的异体字。《说文·龠部》中有"龠，乐之竹管，三孔，以和众声也"和"龢，调也"。龢的本义是指从三孔定音编管内吹奏出来的标准乐曲，以便调和各种声调。

"和"在金文初见，如《史孔盉》中有"史孔乍和"。

## （一）《周易》有关论述

史伯的"和实生物，同则不继"论断来源于《周易·经部》、《尚书》、《诗经》、《国语》，以及较早的传说等。它们记录的事物和认识早于西周末，至西周末年相关思想才被史伯归纳成为理论形态，后来在成书于春秋战国的《周易·易传》中则有所继承和发展。

《周易·经部》是西周初期或前期产物。周文王（约前1105～前1056年在位）总结了他以前几千年的古人的经验而"演周易"，即《周易·经部》。《尚书》为上古至商周的政事史料汇编。《诗经》收录周初至春秋中期的诗歌精华。《国语》中记载了西周后期的一些重要思想。

在《周易·经部》中，"和"出现了两次。一为《周易·中孚》九二爻辞："鸣鹤在阴，其子和之。我有好爵，吾与尔靡之。"其大意是：鹤在树荫中鸣叫，小鹤也鸣叫应和。我有美酒，与你共饮，这描述一种和谐安定和欢乐的情景。这里的"和"主要是相应的涵义。另一处为《周易·兑》初九爻辞："和兑，吉。"《周易·象传·兑》："兑，说

### 和实生物 同则不继

图2-1 周文王像

(悦)也。"朱熹在《周易本义》中解释为:"兑,说也……其象为泽,取其说万物之象。"①由"和"产生的喜悦,才是吉祥。这里的"和"用万物协调、互补的涵义来理解较为妥当。

《周易·乾》用九:"见群龙无首,吉。"如把群龙看做多种具有发展前途的事物,则多样性是吉利的。这一观念承认各种各样的事物都有本身的优缺点,都有存在的价值。

《尚书》中"和"字几十余见,如《尚书·尧典》:"九族既睦,平章百姓,百姓昭明,协和万邦。""和"表示协调许多的人(部落)和事,并使之均衡。

《诗经》中"和"字十余见,如"兄弟既具,和乐且孺。"(《诗·小雅·棠棣》)"既和且平,依我磬声。"(《诗·商颂·那》)后者的"和"已与"平"联用,对"和"的认识已比"相应"的理解进了一步。

《左传》与《国语》中"和"字分别为五十多见和七十多见。例如《左传·成公十六年》:"民生敦庞,和同以听,莫不尽力,以从上命。"《左传·襄公》:"八年之中,九合诸侯,如乐之和,无所不谐。"《左传·昭公二十一年》:"物和则嘉成。"后者已隐约感到:"和"可以产生比原物更丰富、更优良、更富于生命力的新东西。

《周礼》中"和"字三十余见,如《周礼·大宰》:"三曰礼典,以和万邦,以统百官,以谐万民。"这里强调的是"万邦",而不是融

---

① 王永祥:《古代和谐范畴与社会主义和谐社会论》,石家庄:河北人民出版社,2007年。

## 第二章 中华传统文化的发展观是"和实生物，同则不继"

为"一邦"。《周礼·地官·大司徒》："六德：知、仁、圣、义、忠、和。"把"和"列为六德之一。

《周易·易传》的形成晚于西周，大致在春秋末期至战国时代。在《周易·易传》中，"和"字出现多次。具有重要意义的有《周易·象·乾》："乾道变化，各正性命，保合大和，乃利贞。"此处，"大"通"太"，有至高至极的涵义。由此看来，万物存在下来，都各具有自己的特性，又保持和发展"太和"，这是乾道利贞的表现。这里的"太和"，从根本上看乃是继承和发展了"和实生物"的思想。

《周易·象·咸》中："天地感，而万物化生。圣人感人心，而天下和平。观其所感，而天地万物之情可见矣。"感，就是感应、响应、影响、交感的意思。天地之间互相的感应，就使得万物生成和发展。从"感"字看应是交互式的，不是单方向的施与。圣人与人民之间互相的感应，使得天下和平。如能观察它们之间互相感应的情况，就可以掌握到天地万物的联系和规律了。因此，天地之间和圣人与人民之间的感应都应是交互式的才是合理的。朱熹在《语录》中指出："万物化生之后，则万物各自保合其生理，不保合则无物矣。"

这里把史伯的"以他平他"引申为"交感"。在《易传》中经常提到的相摩、相荡等，可用"交感"加以概括。如《周易·系辞上》："是故刚柔相摩，八卦相荡，鼓之以雷霆，润之以风雨。"

《周易·文言·乾》中有一处提到"和"字："'元'者，善之长也。'亨'者，嘉之会也。'利'者，义之和也。'贞'者，事之干也。"这是解释乾卦卦辞"元、亨、利、贞"的意义。与"和"字有关的是利。程颐（1033~1107年）认为："利者万物之遂。"这是乾卦辞中"利"字的意义，与《周易》中其他的"利"字（皆与他词连用）的意义不同。义是思想行为符合一定的准则。这样，"义之和也"可理解为各种合理准则的会合和协调，就能得到好的结果。

《周易·系辞下》说："天下何思何虑？天下同归而殊途，一致而百虑。" 殊途同归是从另一角度阐述了"和实生物"的思想，不排斥诸

33

子百家的文化创造，谋求多样性的统一，达到"太和"状态。

总之，上述《周易·经部》或大体同时代论述有关"和"的主要涵义与史伯和晏子的"和实生物"涵义基本上是一脉相承的。《周易·易传》继承了这一思想，提出了"和平"及"太和"的重要概念，"和平"一词把"和"的概念扩展到人类社会的发展方向；"太和"是"和实生物，同则不继"的更高理想境界。

## （二）诸子百家有关论述

### 1. 孔子、孟子（前372～前289年）等关于"和"的论述

自西周至春秋战国时代，对"和"观念的阐述已变得相当普遍。《论语·子路》记述了孔子提出有关"和"、"同"的论述："君子和而不同，小人同而不和。"

"君子"可以理解为具有较高水平的人。君子之间来往，不是想听取相同的意见，而是各自阐述不同的见解，通过交流来提高自己。反之，如果仅喜欢听取相同意见，不愿听取不同的意见，那就是"小人"（低水平的人）。因此在与人交谈时，要善于听取不同意见，不要只听阿谀奉承之言。君子讲"和"是指不盲从，小人盲从而不讲"和"。

"不同"是作为做人的一个根本原则提出来的。这是在人际交往时要提倡多样性，反对求同一。对一个人来说，要有自己的观点和见解，与人来往，不要盲从，不要无原则地附和、偏向与自己意见相同的人。

上述《论语》中的"和而不同"与"和实生物"中的"和"的基本涵义应是一致的，前者是"和实生物"思想在人与人交往过程中的具体延伸和发展。孔子的弟子有子（前508年～？）也提出："礼之用，和为贵。先王之道，斯为美，小大由之，有所不行。知和而和，不以礼节之，亦不可行也。"（《论语·学而》）

第二章　中华传统文化的发展观是"和实生物，同则不继"

儒家的经典《中庸》指出："喜怒哀乐之未发谓之中，发而皆中节谓之和。中也者，天下之大本也。和也者，天下之达道也。致中和，天地位焉。万物育焉。"作者子思（前493～406年前后）把"和"的重要性提到很高的地位，作为天下（万事万物）的大"道"，也把"和"看做人和自然的重要德性之一。"和"源于天道，为天道的本性。《中庸》还提到："万物并育而不相害，道并行而不相悖。小德川流，大德敦化，此天地之所以为大也。"万物从根本上都能和谐并存，不会互相伤害。许多学者把"和"作为儒家思想体系的核心之一。《论语·学而》的"礼之用，和为贵"是来源于《礼记·儒行》："礼之以和为贵。"周公制定的"礼"主张用道德教化人民，礼的一条重要原则是和睦相处。

《孟子·公孙丑下》："天时不如地利，地利不如人和。"《乐记·乐论篇》："乐者，天地之和也；礼者，天地之序也。和，故百物皆化；序，故群物皆别。"由于"和"才能使万物生长、发展，把"和"作为天地间的基本规律。

**2. 老子（前571～前480年）、庄子（前360～前280年）关于"和"的论述**

老庄也很重视"和"的思想，偏重于强调天地万物的自然之"和"。如《老子·四十二章》："道生一，一生二，二生三，三生万物。万物负阴而抱阳，冲气以为和。"《老子·五十五章》："和曰常，知常曰明。"（此据帛书本）《老子·三十九章》："万物得一以生。"这些论述表明，老子认为：阴阳互补方能生成万物，以"和"为世界事物的基本法则，即认为事物不能脱离"和"而存在，只有了解和认识"和"，才能对事物的基本法则有正确理解。万物的生生不已是来源于"三"，用"三"代表多种多样事物。老子对"和"的理解与史伯的"和实生物"基本一致。

《庄子·田子方》："至阴肃肃，至阳赫赫；肃肃出乎天，赫赫

## 和实生物 同则不继

发乎地；两者交通成和而物生焉，或为之纪而莫见其形。"《庄子·天下》："育万物，和天下。"《庄子·天运》："一清一浊，阴阳调和，流光其声。"《庄子·天道篇》："夫明白于天地之德者，此之谓大本大宗，与天地和者也；所以均调天下，与人和者也。" 庄子把与天相"和"理解为了解天地间的基本规律；与人相"和"表示各种人可和平相处，互相协调，以达到"天地与我并生，而万物与我为一"（《庄子·齐物论》）。

### 3. 其他有关论述

《礼记》中"和"字八十余见，如《礼记·月令》："天地和同，草木萌动。"《礼记·郊特牲》："阴阳和而万物得。"

《周书·无逸》："自朝至于日中昃，不遑暇食，用咸和万民。"

《周礼·大司乐》中六德："中、和、祗、庸、孝、友。""和"位于第二。

《管子·内业》："凡人之生也，天出其精，地出其形，合此以为人，和乃生，不和不生。"《管子·幼官》："畜之以道，养之以德。畜之以道，则民和；养之以德，则民合。和合故能习，习故能偕，偕习以悉，莫之能伤也。"

荀子（约前313～前238年）在《天论》中说："列星随旋，日月递昭，四时代御，阴阳大化，风雨博施，万物各得其和以生，各得其养以成。"他在《礼论》中说："天地合而万物生，阴阳接而变化起，性伪合而天下治。" 这里的"合"有"和"的意味，意思是说，天地和合万物繁衍生息，强调了"和"是"生"的前提。

《荀子·富国》："万物同宇而异体，无宜而有用为人，数也。人伦并处，同求而异道，同欲而异知，生也。"万物千差万别，然而却存在于同一个天下；它们各有各的用途，却都可以为人所利用。人是各种各样的，却有共同欲望和要求，然而他们满足和实现欲望的途径与方法又可以不一样的，这才是生生之易的境界。

第二章　中华传统文化的发展观是"和实生物，同则不继"

荀子认为："乐中平则民和而不流；乐肃庄则民齐而不乱。"（《荀子·乐论》）"故义以分则和，和则一，一则多力，多力则强，强则胜物。"（《荀子·王制》）在一个群体内部成员之际能取得共识，形成强大的合力，就可以战胜万物。"刑政平，百姓和，国俗节"，"四海之内若一家"（《荀子·王制》），展现出"无不爱"、"无不敬"、"无与人争"的安乐图景。

墨子（约前468～前376年，或前480～前397年）倡导"兼爱"，提出："以兼相爱、交相利之法易之。视人之国若视其国，视人之家若视其家，视人之身若视其身。"（《墨子·兼爱中》）你爱他人，他人就爱你，彼此之间的爱是以互爱为条件的。荀子批评墨子："墨子有见于齐，无见于畸……有齐而无畸，则政令不施。"（《荀子·天论》）"畸"是差别。墨子只看到事物整齐均同的一面，而忽视事物差异和多样性的一面。

《吕氏春秋·有始览》："天地合和，生之大经也。"也是坚持和生万物的观念。

### （三）秦以后有关学者的论述

秦汉以降，"和"的思想为历朝历代所推崇，基本上继承和发展了先秦的"和实生物，同则不继"的基本内涵，从而使"和实生物"的思想根植于中华民族的意识之中。

《淮南子·氾论训》："天地之气，莫大于和。和者，阴阳调，日夜分，而生物。春分而生，秋分而成，生之于成，必得和之精。"《淮南子·天文训》："道始于一，一而不生，故分而为阴阳，阴阳合和而万物生。"《淮南子·泰族训》曰："阴阳和，而万物生矣。"《淮南子·泰族训》："故大人者，与天地合德，日月合明，与鬼神合灵，与四时合信。故圣人怀天气，抱天水，轨中含和，不下庙堂而衍四海，变习易

## 和实生物 同则不继

俗，民化而迁善……"这都是说，天地之气或阴阳之气相和而生万物。

贾谊的《新书·时变》："刚柔得道谓之和，反和为乖；合得密用谓之调，反调为戾。"

董仲舒（前179~前104年）在《春秋繁露·循天之道》中说："中者，天下之所终始也，而和者，天地之所生成也。夫德莫大于和，而道莫正于中。……和者，天（地）之正也，阴阳之平也，其气最良，物之所生也。……中者，天之用也；和者，天之功也，举天地之道而美于和。"董仲舒认为天地之道的价值等都在于"和"。

公孙弘（约前199/前200~前120年/前121年）认为："气同则从，声比则应。今人主和德于上，百姓和合于下，故心和则气和，气和则形和，形和则声和，声和则天地之和应矣。故阴阳和，风雨时，甘露降，五谷登，六畜蕃，嘉禾兴，朱草生，山不童，泽不涸，此和之至也。"（《汉书·公孙弘传》）这里的"和"与史伯、晏子所指的"和实生物，同则不继"的深刻意义有区别。

北宋张载说："和则可大，乐则可久，天地之性，久大而已矣。"（《正蒙·诚明》）世界上许多生气勃勃、具有很强生命力的事物大多是通过多种多样事物的和谐而产生的。"相反相成"也包含了这一层意义。张载认为："太和所谓道，中涵浮沉、升降、动静、相感之性，是生絪缊、相荡、胜负、屈伸之始。……不如野马、絪缊，不足谓之太和。"（《正蒙·太和》）王夫之（1619~1692年）注释"太和"时指出："太和，和之至也。……阴阳异撰，而其絪缊于太虚之中，合同而不相悖害，浑沦无间，和之至矣。"（《张子正蒙·太和注》）他们都把"和"作为万物形成和发展的根本缘由之一。

有些学者把"和"与"中"等同起来，如南宋陈淳（1153~1217年）在《北溪字义·中和》说："那恰好处，无过不及，便是中。此中即所谓和也。""中"是《周易》中重要概念之一，意义亦深，主要是无过与不及，它与"和实生物"中的"和"的意义存在差异。上述《中庸》"中也者，天下之大本也。和也者，天下之达道也"也把"中"与

第二章 中华传统文化的发展观是"和实生物，同则不继"

"和"两者区分得很清楚，不能混淆，不能等同。

"和"不是简单地等同于"谐"，两者应是有区别的。《文心雕龙·声律》："异音相从，谓之和；同声相应，谓之谐。"这里把"和"与"谐"区别得很清楚。

## （四）当代学者有关论述

当代学者对"和实生物，同则不继"进行了各种不同的诠释，笔者认为以张岱年的理解最为接近史伯、晏婴的原意。

**1. 张岱年**

张岱年把"和"列为中国古典自然哲学中重要的概念范畴之一，对"和实生物，同则不继"的哲学概念作了比较精辟的论述。在引述了史伯有关论述以后，他评论说：

> 史伯提出的"和"的界说是"以他平他谓之和"，即不同事物相互聚合而得其平衡。不同事物聚合而得其平衡，故能产生新事物，故云"和实生物"。如果只是相同事物重复相加，那就还是原来事物，不可能产生新事物，故云"同则不继"。……史伯晏子所谓"和"主要指多样性的统一，公孙弘所谓"和"主要指事物之间相互顺应的关系。"和"的意义有所改变了。[①]

张岱年对《周易》中"乾道变化，各正性命，保合太和"的"太和"也作了深入的探讨，把"太和"也列为中国古代自然哲学概念范畴之一。

---

① 张岱年：《中国古典哲学概念范畴要论》，北京：中国社会科学出版社，1989年，第127~129页。

## 和实生物 同则不继

张岱年概括张载、王夫之"太和"观念如下:

世界上万事万物之间虽然存在着相反相争的情况,但相反而相成,相灭亦相生,总起来说,相互的和谐是主要的,世界上存在着广大的和谐。

结合现代汉语,张岱年把"和"定义为"多样性的统一"以便于现代人的理解。后来,张岱年提出"兼容多端而相互和谐"的"兼和"理念。"简云兼和,古代谓之曰和"①,"和是兼容多端之义,今称之为'兼和'"②。"兼和"说有两个主要内容:(1)兼赅众异得其平衡;(2)富有日新而一以贯之。他认为"兼容多端而相互和谐是价值的最高准衡"③。

方克立(1938年~)认为:张岱年将"兼和"范畴简明地界定为"兼赅众异而得其平衡",准确地表达了多样性统一的含义。谁明言"兼和"范畴是对中国古代重"和"思想的继承("简云兼和,古代谓之和")。"兼和"的作用、功能和价值意义就在于"富有日新而一以贯之"。这是对"和实生物"的生动说明,因多样性统一才有新事物的产生,因生生而日新,因日新而富有,因生生、日新、富有而有可久可大、一以贯之的永续发展。④

1987年1月张岱年提出以"兼和"代"中庸"的观点。他认为:"在日常生活中提倡中庸是必要的,但专讲中庸,往往陷于庸俗。我以为中庸作为原则不如'兼和'。兼者兼容众异,和者包含多样而得其平衡。兼和可以引导品德事业日新永进而不陷于停滞。"⑤张岱年同时认为"不能把'中庸'看做中国文化的基本精神"。

---

① 《张岱年全集》第3卷。石家庄:河北人民出版社,1996年,第220页。
② 《张岱年全集》第7卷。石家庄:河北人民出版社,1996年,第411页。
③ 《张岱年全集》第7卷,石家庄:河北人民出版社,1996年,第410页。
④ 方克立:《张岱年先生的"兼和"思想》,《北京日报》,2009年6月15日。
⑤ 《张岱年全集》第8卷,石家庄:河北人民出版社,1996年,第602页。

第二章 中华传统文化的发展观是"和实生物，同则不继"

**2. 张立文**

在引用史伯关于"和实生物"的论述后，张立文认为："和"是人们对于对象事物、日常生活、社会政治、养生正体等冲突多样性的融合，和谐在思维形式中的体现是对冲突对应的多种融合形式的认识……和实生物所关心的是宇宙天地的过程状态，意味着对客观世界差异性的承认或肯定。

他进一步认为："合"是融洽、聚会、符合、合和之义。差异是"突"，和生是"融"。融突而和合。所谓"和"，就是既冲突又融合，无冲突无所谓融合，无融合亦无所谓冲突。所谓和合，是指自然、社会、人际、心灵、文明中诸多元素、要素相互冲突、融合，与在冲突、融合的动态过程中各元素、要素和合为新结构方式、新事物、新生命的总和。和合是诸元素、要素在冲突融合过程中优质成分的和合生生。只有在多元、多样、多面对待冲突中才有和合。按照史伯和晏婴的意思，所谓和合，是指各种差别的存在在一定平衡的尺度内构成一动态的和合体。一切存在都依和合而生，是和合的存在，和合就是存在本身。在以上认识的基础上，他提出"和合学"的体系。①

张立文对"和"的认识与张岱年的论述存在较大的差异。

**3. 其他华人学者**

彭邦本对史伯的"和实生物"的理解是：事物在保持个性、特殊性、具体性的基础上体现更高水平的共性、普遍性、同一性和统一性。以往哲学界对"和"主要持批评态度，认为其忽视对立面的斗争和转化，以对统一体的保持，对竞争观念和行为的抑制为特征，是一种阻碍事物发展变化的保守理论。彭邦本认为："和实生物"、"和而不同"观念产生形成，实为上古华夏社会文化多元结构和文化多样性传统生生

---

① 张立文：《和合学概论——21世纪文化战略的构想》，北京：首都师范大学出版社，1996年。

和实生物　同则不继

不息的结果。①

刘长林以坤德说明"和"。坤德表现为厚德载物，表示宽容、容纳、包含的功能，是与"和"的前提（容纳多种多样）的基本精神一致的。在容许多种不同事物存在的前提下，随着时间变迁，使它们在变化条件下，相互有条件地互补，而化生出新的功能、新的事物，以适应复杂多变的环境。

成中英提出"易一名而五义"，把"和易"作为"易"的五义之一。他认为：和易性是易的终极价值。知易者，不能不正视易的和谐化的价值。和易性可说是易的核心意义，提供了易的哲学发展的价值。故有"乾道变化，各正性命，保合太和"，是易之内在的和谐化的力量所致。和能生物，有而致和，就是易的本质上的和易义。②成中英论述三种辩证法（否定辩证法、矛盾辩证法以及和谐辩证法），用以代表三种文化价值观。他提出：和是一种状态，也是一个过程，是一种创造新事物的积极力量。和谐具有多维性和多关系性。

郭齐勇（1931年～）在引用史伯的论述后提出：这里主要指有差别的多姿多彩的世界是万事万物场域，天下就是有差别的多样性统一的天下，没有纯而又纯的绝对的同一。……《礼记·乐记》："和，故百物皆化。"看来，多样性的统一是万物生存变化的场域、源泉、动力与归宿。③

乐黛云（1931年～）提出："和"的本义是指不同事物的协和并存，也就是探讨诸多不同因素在不同的关系网络中如何共处。"和"的主要精神就是要协调"不同"，达到新的和谐统一，使各个不同事物都能得到新的发展，形成不同的新事物。不同事物的并存并不是在各自孤

---

① 彭邦本：《文化多样性视野中的"和而不同"理念》，见《世界文化的东亚视角——中国哈佛—燕京学者2003北京年会暨国际学术研讨会论文集》，北京：北京大学出版社，2004年，第423、424、426页。
② 成中英：《论易之五义与易的本体世界》，见《第二届国际易学与现代文明学术研讨文集》，台北，第22～23页。
③ 郭齐勇：《中国哲学智慧的探索》，北京：中华书局，2008年，第13页。

## 第二章　中华传统文化的发展观是"和实生物，同则不继"

立的状态下静态并存，而是在不断的对话和交往中，从互相矛盾乃至抵触，到相互认识、互相吸取补充，并以自身的特殊性证实人类共同的普遍性的存在，这是一种在相互关系中不断变化的、动态的并存。① 中国传统文化的最高理想是"万物并育而不相害，道并行而不相悖"。"万物并育"和"道并行"是"不同"；"不相害"，"不相悖"则是"和"。②

郑涵（1959年～）对中国古代的"和文化"进行专门研究后提出："中和"不仅具有宇宙意义，还是自然万物之本原，人与社会唯其归本（守中），才能自然而然与道合而为一。中和现于阴阳，阴阳归本中和。如果说阴阳范畴所体现的一系列主要特点（对应协调、互施互化、守序致和、天人合一、广大悉备、生生不已、绵延不绝、有限而无限、无限而有限、圆融完美）是"和"范畴的基本特征，那么，以居中致和为主导，阴阳互动为纲，统摄众元，化生万物的网态思维则是"和"范畴的总体特征。居中致和，阴阳施化而成一系列彼此交识，互相融会贯通的对位对应概念与范畴，天人合一，广大悉备，圆融圆转，其核心"居中"之"中"的特征是无中之中，或可称为万中之中，无处不在，有形而无形，无形而有形，可验而超验。

这一网态思维有别于西方逻各斯中心主义的传统思维，不存在固定不变与高高在上的逻辑中心，而是强调守衡致和，上下有序，尊卑有别，各安所处；其内部各组成部分不是彼此对立，由裂变而以新代旧，而是相互调和以包容万千，创生不已而又保持稳态；其整体是合和性而非蜕变性的，是多元一体而非二元对立。这一思维形式反映了中国文化精神和观念的总体特征。③

笔者对上述郑涵的许多意见表示同意，但是对他有关"阴阳与和的关系"的看法有不同的看法。"和"应是阴阳的体现，"和"归根

---

① 乐黛云：《以东方智慧化解文化冲突》，《人民日报海外版》，2006年5月27日第1版。
② 乐黛云：《"和实生物，同则不继"与文学研究》，《解放军艺术学院院报》，2003年第2期。
③ 郑涵：《中国的和文化意识》，上海：学林出版社，2005年，第163、166、130、131、1、147页。

于阴阳，而不是相反。因为"和实生物"的理论根源是来自"阴阳是对待统一"的思想。阴阳的根本观念当涉及多个事物时表现在"和"，但"和"不等同于"阴阳"；"和"的"多种事物的统一"也不等同于阴阳的"对待的统一"。"和"中不包括阴阳中所包含的"对立的统一"部分。

有学者提出："和实生物，同则不继"既是自然观、科学观，又是道德观、价值观。有学者提出：和谐乃科学之真，道德之善，艺术之美，具有最高最大的普遍性和必然性。……"和谐统一律"是对两个世界（能的世界、物的世界）、五种形态（固态、液态、气态、等离态、能态）、一个本质的哲学概括。①这也有过分高估"和实生物"的片面缺陷，把"和"或"和实生物，同则不继"赋予过多的功能，亦是不妥的。本身仅仅强调由于互补等而形成"生生之不易"的功能（和实生物），不能把"冲突"（或对立的统一）的功能亦归到"和实生物"中。

**4. 西方学者对中国"和"的认识**

西方的和谐思想与中国的和谐（主要是"和实生物"）思想存在根本性的差异，不能混淆。如古希腊的毕达哥拉斯（Pythagoras，前580～前500年）学派通过数学研究认为：整个世界是由"数"组成的，和谐产生了秩序，万事万物都表现为和谐。由数支配的"宇宙"是一个和谐的统一体。这个学派从音乐的和声归纳、引申出宇宙的和谐论。

后来赫拉克利特认为：对立造成和谐。认为和谐是相对的、暂时的和有条件的，而只有对立面的斗争才是普遍的、绝对的、无条件的。

从以上两个方面可看到古希腊的和谐观念与大致同时代的史伯"和实生物，同则不继"的观念存在很大的差异。一些学者没有注意

---

① 易超：《和谐哲学原理》，重庆：重庆大学出版社，2007年，第1、5页。

## 第二章 中华传统文化的发展观是"和实生物,同则不继"

这些差异,把"和实生物"中的"和"看成是"冲突",有可能与此有关。

一些外国学者对中国的"和"概念的评价很高。20世纪20年代,英国著名哲学家罗素(Bertrand Arthur William Russell,1872~1970年)在他的《中国问题》一书中写道:"中国至高无上的伦理品质中一些东西,现代世界极为需要。这些品质中我认为和气是第一位的。"[①]

意大利著名思想家和作家埃柯(Umberto Eco,1932年~)在1999年纪念波洛尼亚大学成立900周年大会的主题讲演中提出,欧洲大陆第三个千年的目标就是"差别共存与相互尊重"。他认为"人们发现的差别越多,能够承认和尊重的差别越多,就越能更好地相聚在一种互相理解的氛围之中"。[②]

在2000年北京大学比较文学与比较文化研究所举办的"多元之美"国际学术讨论会,法国巴柔(Daniel-Henri Pageaux,1939年~)强调说:"从这次研讨会的提纲中,我看到'和谐'('和实生物,同则不继')概念的重要性……中国的'和而不同'原则定将成为重要的伦理资源,使我们能在第三个千年实现差别共存与相互尊重。"[③]

但是,许多西方人士没有理解中华文化中"和实生物,同则不继"的深刻内涵。一些学者把和谐说成是:"权力之间的冲突结果"、"权力对于人间社会的制约、对于权力功能的划定"等。如怀特海(A.N. Whitehead,1861~1947年)认为:在人类历史上,冲突所起的作用是基本的,而和谐的作用是其次的,仅仅浪漫地装饰了冲突。他强调和谐包含不和谐甚至冲突。[④]马克斯·韦伯(Max Weber,1864~1920年)认为:中国社会对于"和"的强调,对于文化的"中和状态"的维护,乃是儒

---

① 引自李瑞环:《学哲学用哲学》,北京:中国人民大学出版社,2006年,第380页。
② 引自乐黛云:《迎接汉学研究的新发展》,《中国文化研究》,2000年秋之卷,第2页。
③ 引自乐黛云:《"和实生物,同则不继"与文学研究》,《解放军艺术学院院报》,2003年第2期。
④ 黄铭:《怀特海的和谐范畴及其宇宙论基础》,《自然辩证法研究》,2009年,25卷第6期,第95~99页。

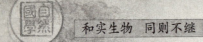

家权威神性的体现。中国历史所谓和谐、和合……的秩序认证或者价值选择,就是……模式化了的神人关系综合体,一种意义特别的中国特色的宗教行动方式。这一"文化神性"才是中国文化和谐的基础。

这些看法与"和实生物"的真实含义相差悬殊。

# 第三章
## "和实生物"在中国古代社会发展中的成果和应用

## 第三章 "和实生物"在中国古代社会发展中的成果和应用

中华民族的起源不是单一的,而是多源的;来自于不同区域的不同民族体系相互整合,最终形成华夏民族。多民族在中华大地上和谐相处,共同缔造了华夏文明。中华民族起源、成长于复杂多变的自然环境中,在复杂严峻的环境考验中,形成了敬畏自然、尊重自然、顺应自然的独特自然观,奠定了几千年来对待自然的基本态度。

中华民族是一个追求和平的民族,历来致力于睦邻友好关系的缔造,为世界各国的和平共处贡献了应有的力量。中华文明有着极强的包容性,她以宽广的胸襟容纳一切外来的异族文化,也不断地从外来文化中汲取着新鲜的营养,从而促进本土文化更加繁荣昌盛。中华民族以及华夏文明的起源、发展过程,便是"和实生物,同则不继"在中华大地上形成、传播、成长的过程。

### (一) 多元的中华文明的形成

基于大量的考古发现,苏秉琦(1909～1997年)将中国历史的基本国情概括为四句话,即"超百万年的文化根系,上万年的文明起步,五千年的古国,两千年的中华一统实体"。[1]从万年前的文明起步,最终发展成为多源一统的帝国,形成持续两千余年的中华民族多元统一体,在世界上是举世无双的。张岱年也指出:"中华民族是多元的统一体,中国文化也是多元的统一体。多元的统一,正是所谓'和'的体现。"[2]在多元民族和多元文化一体化的过程中,起主导作用的正是"和实生物,同则不继"的发展观。

---

[1] 苏秉琦:《中国文明起源新探》,北京:读书·生活·新知三联书店,1999年,第176页。
[2] 《张岱年全集》第七卷,石家庄:河北人民出版社,1996年,第385页。

## 和实生物 同则不继

近代许多学者认为,中华民族从黄河中下游最先发端,而后扩散到边疆各地。但是,20世纪50年代以来的考古发掘表明,中华文明呈现多元区域不平衡发展的特征,各区域文化系统相互渗透、整合,反复汇聚与辐射,最终形成华夏文明大一统的局面。大一统的华夏文化是一个集合体,它是多种文化源头的汇合。而青藏高原的隆起则是促成中华大地各区域文化体系形成、发展和汇合的主要因素和基本条件。

青藏高原的客观存在是构成中国历史地理环境的主要因素之一,它约占中国国土的四分之一。青藏高原的剧烈抬升和其特殊的地质构造条件,使其内部和周边地理环境具有独特的性质:高原快速抬升带动周围区域的环境产生相应的剧烈变化,造成一种特殊的、复杂多变的空间、时间环境,从而为物质、能量来源的多元性提供了基础。由于地形高差大,气候复杂多变,生物多样性显著,冰期、间冰期的温度反差大,这些环境因素皆有利于中华文明的初始形成与发展。

青藏高原现在仍处在不断隆起和抬升的运动状态中,从而导致地壳构造运动频繁,火山、地震多发,地幔、地壳中熔融物质上涌。这就使得青藏高原周边的区域地表,除了接收太阳能等外太空物质、能量外,还额外地增加了接收来自地下深处的物质、能量的类型和数量,这对于生物、人类的起源、生存和成长有重要的意义。

青藏高原为中华文明的多元起源提供必要的地质、地形、气候等环境条件,同时也为中华民族的生存带来一定的考验。由于地形高差大,气候变化剧烈,温差显著,洪涝等各类自然灾害频发,这使中华民族的生存条件较为艰苦。在严酷、复杂、多变的自然环境中,中华民族形成了敬畏自然、顺应自然、尊重自然的自然观,寻求各种方式同自然和谐相处。这是贯穿中国传统文化始终的"和"、"中"、"仁"、"公"、"天人合一"等基本理论观念形成的客观条件和物质基础。①

古人认识到,在严酷的自然环境面前,单个人的力量是微弱的,只

---

① 徐道一:《青藏高原的剧烈隆起对中华文明产生的影响》,《古地理学报》,2004年第6卷第2期,第216~225页。

第三章 "和实生物"在中国古代社会发展中的成果和应用

有依靠集体的力量才能生存下去。《吕氏春秋·恃君览》云:"凡人之性,爪牙不足以自守卫,肌肤不足以扞(高诱[①]注:御也)寒暑,筋骨不足以从利辟(避)害,勇敢不足以却猛禁悍,然且犹栽万物,制禽兽,服狡虫,寒暑燥湿弗能害,不唯先有其备,而以群聚邪?群之可聚也,相与利之也;利之出于群也,君道立也。"个体之间相互配合,协同共作,充分发挥群体的力量,以弥补个体力量之缺陷。俗语云:"三个臭皮匠,顶个诸葛亮","一个篱笆三个桩,一个好汉三个帮",单体力量的合理搭配和组合,要胜过单个个体力量之和。这种"群"的意识,便是"和实生物"观念形成的基础。

中华文明的起源是多元的,不单纯地局限于某一大河流域,而是在黄河、长江乃至珠江流域,遍地开花。在20世纪80年代,苏秉琦提出了考古学的区系类型理论,把全国分为六大区域:以燕山南北长城地带为重心的北方;以关中、晋南、豫西为中心的中原;以山东为中心的东方;以环太湖为中心的东南部;以环洞庭湖与四川盆地为中心的西南部;以鄱阳湖—珠江三角洲一线为中轴的南方。[②]六大文化区域"各有渊源,各具特点,各有自己发展道路"[③]。

## (二)五千年中华民族的持续发展

中华文明具有很强的延续性,在人类历史上,没有哪一个民族国家能够像中华民族这样持续几千年之久,这样巨大的民族凝聚力和向心力的形成,与深入人心的"和实生物,同则不继"的观念有着密不可分的联系。

---

① 东汉末人。
② 苏秉琦:《中国文明起源新探》,第35、39页。
③ 苏秉琦:《中国文明起源新探》,第39页。

和实生物　同则不继

### 1. 多元民族的一统实体

远古时代中国境内生息着许多氏族和部落（即古书中的"万邦"），早期是炎、黄两个部落和合，成来又与夷、黎、苗等和合，成为华族、汉族的初步基础。经过几次大和合，才形成了当前的中华民族。这一过程是"和实生物"精神的体现。

夏商周三代由"天下万邦"的共主政治体系逐渐演进趋于统一帝国的过程，是体现"和实生物"的实例。只要统一到来的条件尚未成熟，共主秩序就会以不同的方式和程度延续，邦国不仅是政治上相对独立的实体，而且各有长期传承的文化礼俗。

例如，殷商被灭亡后，周代仍尊重夏商以及其他少数民族礼俗，夏、商之祀由杞、宋等国续奉，而前朝古国纷纷被重新褒封。《左传·定公六年》记述：鲁国人民既包括周初西来的姬姓周人后裔，也包括殷商遗民及土著族群。其都城内既有姬姓周人的"周社"，复有商族之民的"亳社"。周人这种对不同族群文化传统的尊重，用现代语言说就是文化多元意识。周人对殷人的统摄兼容表明：在殷末周初时已在实行"和实生物"的政策。

孔子说"修废官……兴灭国，继绝世，举逸民"，认为这样才能使"天下之民归心"。（《论语·尧曰》）

共同构成中华民族大家庭的各个民族之间并没有处在水火不容、你争我斗的激烈矛盾中，虽然出于政治、历史等原因，民族间少不了冲突甚至战争，但是在大多数的历史时期，华夏各民族之间处在和谐相处的和平状态中。开明的君主总是把民族问题放到首要地位来处理，并且采取不少开明的民族政策来加强、促进民族合作。

### 2. 和平共处的外交政策

历史上中国传统文化在亚洲东部有着广泛的影响。它的传播主要不是依靠武力，而是靠文化的榜样作用。中国文化具有较大的涵容性。佛教在公元1世纪前后传入，伊斯兰教在公元7世纪时传入，天主教与基

## 第三章 "和实生物"在中国古代社会发展中的成果和应用

督教在近代相继传入,均被原有的文化所涵容,成为中华文明的组成部分。宋朝到明朝的700年期间儒释道三家在学术上互相研讨,互相促进,是学术上和谐交流,体现"和实生物"的一个好范例。

隋唐时期是中华民族大和合的重要时期,统治者重视同周边少数民族加强友好关系。唐太宗(599~649年)在处理民族关系方面卓有建树,他曾经说"自古皆贵中华,贱夷狄,朕独爱之如一"(《资治通鉴》卷198)。太宗平等地看待中原汉族和周边少数民族,这种视之如一的态度有利于各民族的和平相处。他对于臣服的民族推行"羁縻政策",正所谓"怀柔远人,义在羁縻,无取臣属"(《册府元龟》卷170帝王部·来远),即保留各民族原有的生产、生活形式,并且任命当地官员自行管理,但要承认对中原朝廷的归属,定期朝贡。这种开明的民族政策无疑加强了周边少数民族同中原的联系,促进了民族合作,并且加强了国家的稳定,有利于民族间的和谐相处。这就是"和实生物"思想对民族合作的重要贡献。

在"和实生物,同则不继"的思想指导下,中华民族成为一个爱好和平的民族。纵观中国历史,中国和周边各国虽然也有过摩擦、冲突、战争,但多数时间还是处于和平相处的状态。历史上邻国前来中国进贡,是友好往来的一种表示,而且中国亦赠还以自己的特产。这和殖民地国家与宗主国之间掠夺与被掠夺的关系有本质上的不同。

中国与周边各国经常处在睦邻友好的状态之中。大家耳熟能详的郑和(1371~1433年)七下西洋之事,充分地说明了中国推行的和平共处的友好外交政策。明朝初年,出于国家需要和国家利益,郑和(民间称之为"三宝太监")曾多次带领船队南下西洋,达到现在的印尼、印度、伊朗、索马里一带。据记载,1405年郑和首次下西洋时,有"宝船"63艘,官兵27800人,最大的船只长达44丈4尺(折合现今长度为151.18米)、宽18丈(61.6米),可容1000余人,是当时世界上最庞大的船只。这样一支拥有强大军事力量的船队,并没有像西方国家在发现新大陆后,以疯狂屠杀和霸占良田、抢夺财富、贩卖奴隶为务,而是与

图3-1 [明]茅元仪《武备志》卷二百四十"自宝船厂开船从龙江关出水直抵外国诸番图"（即郑和航海图）

所到各国互通有无，以中国陶瓷、丝绸、金银饰品等换取当地特产，宣扬大明朝"内安华夏，外抚四夷，一视同仁，共享太平"的和平共处的外交政策。

郑和的七下"西洋"，加强了中国同亚非各国的友好关系，传播了中华民族的文化传统。郑和受到各国人民的欢迎，时至今日，东南亚一些国家还有供奉、纪念郑和的庙宇，保留有"三宝井""三宝港"等地名。郑和七下"西洋"，突出地体现了中华民族在处理睦邻友好关系中所推崇的"和实生物"的思想观念，在历史上被誉为典范。

### 3. 多元思想的沟通

华夏文化具有极强的包容性。先秦诸子百家蜂起，儒、道、墨等

## 第三章 "和实生物"在中国古代社会发展中的成果和应用

各家在论争中相互借鉴与吸收，儒、释、道在华夏大地上合流等文化现象，充分体现了华夏文化的包容性。这种海纳百川的包容性，促进各种学术体系的沟通和合，正体现出"和实生物"的思想内涵。

钱穆（1895～1990年）曾将世界文明演变归结为两种类型，一是环地中海的西方文明，一是沿黄河两岸的华夏文明。西方文明"于破碎中为分立，为并存，故常务于'力'的争斗，而竟为四围之斗"，是一种转换型文明；华夏文明则"于整块中为团聚，为相协，故常务于'情'的融合，而专为中心之翕"，是一种扩大型的文明。转换型文明，"如后浪覆前浪，波浪层叠，后一波涌架于前一波之上，而前一波即归消失"，其特点在于消灭与断绝。扩大型文明，"如大山聚，群峰奔凑，蜿蜒缭绕，此一带山脉包裹于又一带山脉之外，层层围拱，层层簇聚，而群峰映带，共为一体"，其特点在于包容与延续。①

此外，"和实生物"在传统科技领域中也有着广泛应用，并取得了优秀的成果。刘长林指出："和实生物"在相当大的程度上决定了中国古代科学技术的发展方向。众多发明创造……可以说都是在"和实生

图3-2 马六甲三宝庙郑和石像

---

① 钱穆：《国史大纲》，北京：商务印书馆，2009年3月，第23～24页。

## 和实生物 同则不继

物"的思想指导下产生的。①华觉明（1933年～）认为：中国传统技术观是一种有机、整体及综合的技术观。它以"和实生物"为理念，采取"和实生物"的方式与手段，达到"和实生物"的目的。人与技术之和是物役于人，而不是人役于物。"和实生物"这个词相当准确地表达了这种技术观的本质。因此，中国古代技术观的中心是"和实生物"。②

可以说，"和实生物"对于中华民族的生存、发展有着重要的指导意义，它与中华文明数千年来的持续发展有着密切的联系。

### （三）传统农业

中国是一个传统农业大国，农业生产技术与生产水平曾经一直处于世界领先地位，这与贯穿于中国古代传统农业理论和实践中的天地人"三才"理论有着密不可分的联系。正如游修龄（1920年～）所述："一部中国农学史的核心是古代的天、地、人'三才'理论在实践中的指导和运用。"③"三才"理论是"和实生物"在农学中实际应用的体现。

天地人"三才"思想古已有之。农业生产中的天地人"三才"理论最早的明确表达见于《吕氏春秋·审时》："夫稼，为之者人也，生之者地也，养之者天也。"稼即农作物。这里强调农作物由人们来耕种，同时作物的生养要靠天时、地气。这种思想为历代所延续，如《汉书·食货志》载西汉晁错（前200～前154年）云："粟米布帛，生于地，长于时，聚于力。"《淮南子·主术训》在讲农业生产时亦云："上因天时，下尽地财，中用民力。是以群生遂长，五谷蕃植。"《齐民要术·种谷

---

① 刘长林：《"和实生物"与中国文化的未来》，《孔子研究》，1996年第3期，第93页。
② 华觉明：《"和"的哲学——从中西冶金技术差异看中国文化》，《二十一世纪》，1996年第10期，第85～96页。
③ 卢嘉锡主编：《中国科学技术史·农学卷》，北京：科学出版社，2000年，序言。

## 第三章 "和实生物"在中国古代社会发展中的成果和应用

第三》云:"顺天时,量地利,则用力少而成功多。任情返道,劳而无获。"

所谓天,即天时、气候;地,即地形、地势、土壤等;人,即与人有关的人力等因素。"三才"理论强调农业生产要综合考虑气候、地形等自然环境以及人的主观能动性,各种要素相互配合、相互协调,才能搞好农业生产。这种从整体着眼,统筹兼顾,通盘考虑各种因素的意识,正体现了"和实生物"的思想内涵。

### 1. 地力常新壮论

当农业发展,土地利用率提高后,土壤肥力(地力)开始下降。如何使地力常新常壮是农业生产能不能持续稳定地增长的基础要素之一,在农业发展中受到特别的关照。在中国古代农业理论中最引人关注、影响最深远的是土脉论和土宜论思想。实际上,这两种思想是对"三才"理论中"地气"要素认识的延伸和深化。

土脉论将土壤看做有气脉、活的机体,在这一正确认识的指导下,古人重视对土壤的改良,包括土壤性状的改变和肥力的增长,从而有利于农业产量的提高和土地的持续性利用。当代对土壤的研究表明,土壤中存在多种多样的微生物,它是多种有机物与无机物的混合物。

《齐民要术·耕田第一》引西汉农书《氾胜之书》云:"凡耕之本,在于趣时,和土,务粪泽……"这里提到的"和土"做法,即使土壤的性状刚柔适中(有机物与无机物的合适比例),"强土而弱之","弱土而强之",从而达到中和的理想状态。①"务粪泽",即强调土壤的肥力要通过施粪肥来得到提高,粪肥是多种有机物得以生长的必需品。这是古人在实践中认识到土壤的肥力随着土壤利用的提高逐渐下降之后,而得出的补救方法。

施肥被看做是"土化之法"。《韩非子·解老》:"积力于田畴,

---

① 卢嘉锡主编:《中国科学技术史·农学卷》,北京:科学出版社,2000年,第272页。

必且粪灌。"王充（27～约97年）在《论衡》中提出："深耕细锄，厚加粪壤，勉致人功，以助地力。"元代农学家王祯（1271年前后～1330年前后）在《农书》中说："所有之田，岁岁种之，土敝气衰，生物不遂，为稼农者必储粪朽以粪之，则地力常新壮而收获不减。"又说："夫扫除之猥、腐朽之物，人视之而轻忽，田得之为膏润，唯务本者知之，所谓惜粪如惜金也。故能变恶为美，种少收多。"

古人重视应用多种多样农家肥来改良土壤，提高农作物的产量，如陈旉（1076～1156年）《农书》的专门记载（图3-3）；还有将相关画像刻画于砖石上的（图3-4），可见其关键作用。

多种粪肥使农田越种越肥沃，亩产量持续提高。中国古代的肥料，主要来自家畜及人的生活中的废弃物，农产品中人畜不能利用的部分，以及江河、阴沟中的污泥等，把本是无用之物积而为肥，即成了庄稼之宝。在宋元时期肥料种类已有粪肥（6种）、饼肥（2种）、泥土肥（5种）、灰肥（3种）、绿肥（5种）、稿秸肥（3种）、无机肥料（5种）、杂肥（12种）等，共计约45种，到明朝时更增加到130余种。[①]

图3-3 陈旉《农书》书影　　　图3-4 拾粪画像石

① 卢嘉锡、路甬祥编：《中国古代科学史纲》，石家庄：河北科学技术出版社，1998年，第974～975页。

## 第三章 "和实生物"在中国古代社会发展中的成果和应用

中国农地在几千年使用过程中没有出现显著的地力衰竭现象,就是注重各种事物之间的互补作用,把各种事物的长处恰如其分地组合起来,因而不但取得粮食高产,而且保持了地力肥壮,促进了农业的持续性发展。这是将"和实生物"的理论观点完美地应用于农业实践之中。

每种作物都要有适合播种的地形地势以及土壤环境,对这一点的深入认识,形成中国传统农业中的"土宜论"思想。土宜论的观念始于先秦。《荀子·王制》云:"相高下,视肥硗,序五种,省农功,谨蓄藏,以时顺修,使农夫朴力而寡能,治田之事也。"指出治田(官名)的职责是通过观测土地,以决定作物种植。《周礼·大司徒》云:"以土宜之法,辨十有二土之名物,以相民宅而知其利害,以阜人民,以蕃鸟兽,以毓草木,以任土事;辨十二壤之物而知其种,以教稼穑树艺。" 秦汉继承发展了这种土宜论的思想。《论衡·量知》提到:"地性生草,山性生木。如地种葵韭,山树枣栗,名曰美园茂林。"

图3-5 《农桑辑要》书影

土宜论有三个具体的层次,分别是因土种植、因地制宜发展各业和重视农业的地区性。①这其中,无不蕴含"和实生物"的思想。

因土种植,即针对不同的土壤,安排不同的作物。这里强调的是作物和土地之间的"和实生物"。《周礼·地官草人》记载"草人"之职责为"掌土化之法,以物(视察)地,相其地而为之种",即已经触及到土地与作物关系这一层次。贾思勰(北魏孝文帝

---

① 卢嘉锡主编:《中国科学技术史·农学卷》,北京:科学出版社,2000年,第112页。

## 和实生物 同则不继

时期）在《齐民要术》中有着更为具体、深入的阐述。他非常重视因土种植，差不多每种作物都指出其所适宜的种植环境。如："麻欲得良田，不用故墟，地薄者粪之，耕不厌熟"（《种麻第八》），"粱秫并欲薄地而稀"（《粱秫第五》），"（稻）……选地欲近上流"，自注："地无良薄，水清则稻美"（《水稻第十一》），"姜宜白沙地，少与粪和"（《种姜第二十七》）等（图3-6）。

图3-6 古代农业攻粟麻菽打枷

因地制宜，发展各业，就是按照一个地区的不同土地类型，综合安排农林牧副渔各项生产。这是合理利用土地资源的表现，农林牧副渔相互配合、协调发展，也正是"和实生物"的内在要求。《齐民要术·耕田第一》篇中，贾思勰主张充分利用不适宜种植五谷的土地来种植果树和林木，并且对于不同种类和不同用途的树木也要各随其宜。[①]又《种枣第三十三》篇云："其阜劳之地，不任耕稼者，历落种枣则任矣。"《种槐第五十》："下田停水之处，不得五谷者，可以种柳。"

贾思勰特别强调从整体着眼，统筹兼顾。他不是孤立地看待一块块耕地，而是作全盘的筹划。如贾思勰主张将旱稻安排在夏天积水的"下田"，并解释说："非言下田胜高原，但夏停水者，不得禾、豆、麦，稻田种，虽涝亦收，所谓彼此俱获，不失地利故也。下田种者，用功多；高田种者，与禾同等也。"（《旱稻第十二》）旱稻于高田下田皆可，贾思勰主张种在积水的"下田"，考虑到积水的下田不能种植其他

---

① 卢嘉锡主编：《中国科学技术史·农学卷》，北京：科学出版社，2000年，第272页。

## 第三章 "和实生物"在中国古代社会发展中的成果和应用

作物,安排种旱稻,便使下田得到充分合理利用,这是统筹全局而做出的正确选择。

重视农业的地区性。根据地区的特点安排人们的生产生活。《尚书·禹贡》及《周礼·夏官·职方氏》皆谈到"九州"之地势、土壤条件和物产特点,反映了古人对农业地域性的初步认识。《淮南子·地形训》也提到:"东方,川谷之所注,日月之所出……其地宜麦,多虎豹;南方,阳气之所积,暑湿居之……其地宜稻,多兕象;西方,高土川谷出焉,日月入焉……其地宜黍,多旄犀;北方,幽晦不明,天之所闭也,寒水之所积也,蛰虫之所伏也……其地宜菽,多犬马;中央四达,风气之所通,雨露之所会也……其地宜禾,多牛马及六畜。"这些是对农业地域性的粗略描述。不同的地域间互通有无,相互配合,构成中国农业之全貌。

### 2. 古代生态农业

在"和实生物"思想指导下,古人对各种作物各依其性进行合理安排,形成了古代的生态农业。

秦汉魏晋南北朝时期,人们通过间套混作、轮作倒茬,将不同种类的作物组织起来,在空间和时间上形成合理的结构和序列。[①]

间套混作的明确记载最早见于《氾胜之书》,它揭示了瓜田种薤的间作制度,以及瓜田种小豆的套作制度。此外,《氾胜之书》还提到黍与桑葚子混播:"每亩以黍、葚子各三升合种之",黍桑一同生长,待黍子收获之后,"桑生正与黍高平,因以利镰摩地刈之,曝令燥;后有风调,放火烧之,常逆风起火,桑至春生。"(《齐民要术·种桑第四十五》引)这种办法,可以利用桑苗尚小的空当,多收获一茬黍子;黍收后用火烧则兼有加肥、除虫和加速明年桑苗旺长的作用。

《齐民要术》又介绍了几种其他间套混作的方式。如麻子、芜菁子

---

[①] 卢嘉锡主编:《中国科学技术史·农学卷》,北京:科学出版社,2000年,第331~333页。

### 和实生物 同则不继

混播:"六月中,可于麻子地间散芜菁子而锄之,拟收其根。"(《种麻子第九》)楮、麻子混播:"二月耧耩之,和麻子漫散之,即劳。秋冬仍留麻勿刈,为楮作暖。"(《种谷楮第四十八》)

间套混作是建立在对不同作物特性及其相互之间关系的深刻认识基础之上的。不同作物植株高矮、根系深浅、生育期长短,对温度、水分、光照、肥料等的需求各不一样,而且彼此之间或相生,或相克,必须合理搭配,才能互不相妨,以便于相互促进。如《齐民要术》记载在桑田间种植绿豆、小豆,指出"二豆良美,润泽益桑"(《种桑柘第四十五》),体现了古人对豆类作物与桑可互补的认识,符合现代人对豆类根瘤部位含有肥力的认识。不过,麻、豆不宜混种,《齐民要术》对此也有说明:"慎勿于大豆地中杂种麻子",并注:"扇地两损,而收并薄。"(《种麻子第九》)

明朝时期一些人多地少的地区,在有限的耕地上从事农林牧副渔的综合经营。据《常昭合志稿·轶闻》记载,当时常熟地区有谭晓、谭照兄弟俩,将最低之地凿而为池,稍高之地围而为田,池中养鱼,池上设架养猪、养鸡,粪田以喂鱼,围堤上间种梅、桃等果树,低洼地中种菰、芷、菱、芡,从事"粮—畜—渔—果—菜"的综合经营,其收入又比田地所入高三倍,取得了很好的经济效益。

到明末清初,这种生态农业发展到浙江的嘉兴、湖州一带,形成一种"粮—畜—桑—蚕—渔"的经营方式。据《补农书》记载,其措施是以农养畜,以畜促农;以桑养蚕,以蚕屎养鱼,以鱼粪肥桑;使嘉湖地区土壮田肥、粮丰桑茂。据记载,其粮食产量达到常年亩产米二石、麦一石,丰年为米三石和麦一石的水平,创造了中国农业生产大面积高产的新纪录。

在珠江三角洲,也是将养鱼、种桑、养蚕相结合。光绪《高明县志》说:"将洼地挖深,泥复四周为基,中凹下为塘,基六塘四。基种桑,塘蓄鱼,桑叶饲蚕,蚕屎饲鱼,两利俱全,十倍禾稼。"这种农业综合经营,便是现在还流行于广东的"桑基鱼塘"、"果基鱼塘"的人工生态系统。①

在中国古代对不同作物间相生相济关系的认识，以及由此产生的间作、套作制度的基础上，出现古代生态农业。中国的传统农业使"地力常新壮"，土地越种越肥，而西方一些发达国家的农业在20世纪尽管产量很高，但已出现地力衰竭的现象，所以才提倡生态农业。纵观中国传统农业发展史，"和实生物"的思想意识随处可见。

## （四）中医药

中国传统医学有着辉煌的历史，它在基础理论、疾病诊断以及用药治疗等方面，形成了独特的中医学特色。中医药同中国传统文化有着十分密切的联系，其中表现最为明显的是阴阳调和论和整体论思想。

### 1. 阴阳调和论

中医学的理论核心是阴阳学说，阴阳调和论贯穿于中医学的各个领域。首先，中医学认为人体是阴阳对待的统一体，阴阳之气相合构成人体。在人体内，阴阳之气相互补充，相互转化。《素问·阴阳应象大论》云："阴在内，阳之守也；阳在外，阴之使也。"《素问·生气通天论》云："阴者，藏精而起亟也；阳者，卫外而为固也。"中医学认为人体的健康状态是阴阳调和的结果，《素问·调经论》云："阴阳匀平，以充其形，九候若一，命曰平人。"如果人体内阴阳失衡则会导致疾病的产生，《素问·生气通天论》云："阴阳乖戾，疾病乃起。"

关于阴阳调和论，明代名医张介宾（1563～1640年）在《类经附翼》卷三《大宝论》中有过精彩的论述："阴阳二气，最不宜偏，不偏则气和而生物，偏则气乖而杀物。"在这里提到"气和而生物"，与

---

① 卢嘉锡、路甬祥编：《中国古代科学史纲》，石家庄：河北科学技术出版社，1998年，第1025页。

### 和实生物 同则不继

"和实生物"是类似的意思。古人把人体健康称为"安和",有疾病称为"欠和"、"不和",是由于阴阳的盛衰不当。

既然阴阳失和导致疾病的产生,那么治疗疾病的基本原则便是用各种方法调节阴阳平衡。因此,古人以寒、热、温、凉等属性来概括药物的药性,其中寒、凉属阴,温、热属阳。一般说来,阳热病要用凉寒药,而阴寒病则要用温热药,这样才符合阴阳调和的理论。《本草纲目》卷一云:"疗寒以热药,疗热以寒药。"《素问·至真要大论》云:"寒者热之,热者寒之。"

张介宾提出"和略"的治疗原理:"和略:和方之制,和其不和者也。凡病兼虚者,补而和之;兼滞者,行而和之;兼寒者,温而和之;兼热者,凉而和之。和之为义,广矣。"(《景岳全书》卷五十《八阵·新方八略》,四库全书本)如此用药,以达到调节人体阴阳平衡,中和寒热之目的。如生姜药性温辛,可用于治疗风寒感冒、胃寒呕吐和风寒咳嗽。石膏乃大寒之药,可清热泻火,除烦止渴,用于温热病气分实热证。黄芩为苦寒之药,可清热燥湿,用于湿温、泻痢、黄疸;又可泻火解毒,用于肺热证、少阳证、疮疡肿毒;亦可清热安胎,用于胎热不安。此为温病用寒凉之药、寒病用温热之药的具体应用。

中医学中的阴阳调和论认为人体有阴阳二气,阴阳调和,人体康健;阴阳乖违,遂生疾病。治疗疾病之主要原则就是以阴调阳、以阳调阴,从而达到调和阴阳的治疗目的。中医学对人体健康平和状态的追求,体现了"和实生物"的理论内涵。

### 2. 整体论

在中医学的治疗理论中,病人被看做一个有机的整体。人体各个部位之间都是有着内在的联系的。

中医注重辨证施治。所谓"辨证施治",即通过各种证候来判断和诊治疾病,证候不能简单地归结为表面的症状,而是病人经络、腑脏、气血等变化的综合体现。这是传统的医学家们在长期的临床实践中总结

## 第三章 "和实生物"在中国古代社会发展中的成果和应用

得出的行之有效的诊断和治疗依据。高明的大夫们通过"望、闻、问、切"等手段得到病人的证候,从而确定疾病之根源。

据《韩非子·喻老》记载,先秦名医扁鹊(前407~前310年)通过对蔡桓公(战国时人)的观察,就得出"疾在腠里"、"疾在肌肤"、"疾在肠胃"、"疾在骨髓"的论断。《周礼·天官·疾医》云:"疾医……掌万民之疾病,以五味、五谷、五药养其病,以五气、五声、五色视其生死,两之以九窍之变,参之以九藏之动。"五气,即五脏所出之气。诊断疾病时,通过观察五气、五声、五色来判断人之死生,并且参考孔窍、腑脏的变化状况。在传统中医学理论中,五官面色、寸口脉象与人体内的五脏六腑皆有着内在的联系。《灵枢·五阅》云:"五气者,五藏之使也","五官者,五藏之阅也",即通过对五气和五官变化的观察,可以得知内在五脏的健康状况。根据《灵枢·五色》的记载,天庭(额头),代表头部,阙上(天庭之下至眉间)代表咽喉,阙中(眉间)代表肺,下极(二目之间)代表心等等。五官各个部位的色泽、燥润情况的变化,表示相应的五脏的病变情况。寸口脉象的变化同样可以反映五脏六腑的康健情况[①]。《难经》一难云:"十二经皆有动脉,独取寸口,以决五藏六府死生吉凶之法。"(元·滑寿《难经本义》卷上)

中医学的辨证施治理论,将人体各个部位器官联系起来,将人体视为一个整体,体现了"和实生物"的思想观念。

中医学不仅将人体视为有机的整体,主张整体性的关注,而且将人们生活的环境,包括天时、地气等,皆视为整体不可分割的组成部分,人体仅仅是其中的一个部分,疾病的诊断和治疗也就必须把天时、地气考虑在内。《左传·昭公元年》载秦医和论晋侯之病云:"天有六气,降生五味,发为五色,徵为五声。淫生六疾。六气曰阴、阳、风、雨、晦、明也。分为四时,序为五节,过则为菑。阴淫寒疾,阳淫热疾,风

---

[①] 刘长林:《中国系统思维》,北京:中国社会科学出版社,1997年,第306~308页。

## 和实生物　同则不继

淫末疾，雨淫腹疾，晦疾惑疾，明淫心疾。"在这里，医和就是通过六气、四时、五节等多种因素来诊治疾病的。后人从《内经》中总结出来"三因制宜"的治疗原则，即因时制宜、因地制宜、因人制宜。①

因时制宜，即考虑天时、气候等因素。《素问·八证神明论》云："因天时而调两气"，"用寒远寒，用凉远凉，用温远温，用热远热。"因地制宜，即地理区域不同，治疗方法有别。《素问·异法方宜论》："一病而治各不同，皆愈何也？岐伯对曰：'地势使然也。'"因人制宜，即考虑到不同人群的体质、抗性强弱而用药轻重、缓急有别。《素问·五常政大论》云："能毒者以厚药，不胜毒者以薄药。"这种综合考虑天、地、人多种要素的治疗原则，体现了中医整体观念，同时也蕴含着"和实生物"的思想内涵。

此外，蜚声海外的中医方剂学也蕴含着深刻的"和实生物"的道理。中医方剂学按照"君臣佐使"的原则进行组合。对此组合原则最早表述的是《素问·至真要大论》篇："方制君臣，何谓也？岐伯曰：'主病谓之君，佐君谓之臣，应臣谓之使'。"又云："君一臣二，制之小也；君一臣三佐五，制之中也；君一臣三佐九，制之大也。"君、臣、佐、使各有功用，"君药是一方的主药，也就是针对主证起主要作用的药物，臣药是指能够协助和加强主药功效的药物。佐药的意义有二：一是能对主药起制约作用；一是能协助主药解除某些次要症状。前者适用于药物有

图3-7　《神农本草经》书影

---

① 路甬祥主编：《中国古代科学技术史纲·医学卷》，沈阳：辽宁教育出版社，1999年。

## 第三章 "和实生物"在中国古代社会发展中的成果和应用

毒,或者性质太偏者;后者使用于兼证较多的病例。使药的意义也有两种:一种是指引经药;一种是指方剂中次要的药物。"[1]不同功用的药物,按照一定的理论相互配合,形成不同的药方,主治不同的病症。中医方剂学的这种组合原理,深刻地体现了"和实生物"的观念。

在一个方剂中,有时增加一两味新药,便形成不同的药方。比如《伤寒杂病论·辨太阳病脉证并治法上》中介绍的主治太阳中风证的桂枝汤,由桂枝三两、芍药三两、生姜三两、大枣十二枚和甘草二两构成,主治:"太阳中风,阳浮而阴弱。阳浮者,热自发;阴弱者,汗自出。啬啬恶寒,淅淅恶风,翕翕发热,鼻鸣干呕者。"如果在桂枝汤原有药物基础之上外加附子一药,便形成新的药剂,桂枝加附子汤,主治"太阳病发汗,遂漏不止,其人恶风小便难,四支微急难以屈伸"。若去芍药,则主治"太阳病下之后,脉促,胸满者",此病状若"微恶寒",则以桂枝汤去芍药而加附子治之。甚至同一药方中的君臣佐使药量的增减也会导致药性的根本变化:同样是桂枝汤,如果桂枝药量增加,则形成桂枝加桂汤,主治太阳伤寒,加温针后,"气从少腹上冲心"(《辨太阳病脉证并治法中》);如果芍药用量加倍,则构成桂枝加芍药汤,主治"本太阳病,医反下之,因而腹满时痛"(《辨太阴病脉证并治法》)。

中医、中药在中国已发展几千年,一些药方可应用几百年甚至更长。中医方剂学特别强调不同药物间的配伍关系,充分发挥各种药物的作用,体现了多样性的统一。中药的毒副作用一般都要明显小于西药。中医药能达到这一境界,与几千年来把"和实生物"作为重要指导思想有密切关系。

---

[1] 南京中医学院编:《中医学概论》,北京:人民卫生出版社,1959年,第276页。

和实生物 同则不继

## （五）冶金

从技术层面来看，"和实生物"是指具有不同功能属性的诸多事物按照一定的结构秩序组合在一起，从而产生一个具有新功能、新属性的事物。中国古代的冶金技术受到这种思想影响深切，取得了显著的成就。

### 1. 青铜合金技术

合金技术体现了不同金属间的配合关系，可以得到单一金属所不具备的品质和性能，生动体现"和实生物"思想。

中国的青铜合金技术渊源甚早。关于青铜合金配比法则的最早明确记载见于《周礼·考工记》，其文云："金有六齐，六分其金而锡居一，谓之钟鼎之齐；五分其金而锡居一，谓之斧斤之齐；四分其金而锡居一，谓之戈戟之齐；三分其金而锡居其一，谓之大刃之齐；五分其金而锡居其二，谓之削杀矢之齐；金、锡半，谓之鉴燧之齐。"就合金配制而言，《考工记》中的"齐"（即"剂"），就为和剂，意指不同金属原料按一定比例相和而成为合金。

这里记载了六种合金之方，不同功用的器械所要求的锡、铜比例有所差别，也就是说，随着锡、铜比例的变化，合金呈现出截然不同的性能。今天的金相测定表明，"六齐"配方是合理的。由此可见，先秦时期我们就已经有了青铜合金的技术标准，对青铜合金的成分配比有了清晰的认识。

随着大量先秦青铜器的出土，我们对于先秦合金技术的发展有了更为深入的了解。后母戊大方鼎（旧称"司母戊大方鼎"，图3-8）代表了殷商时期青铜制作水平。这个大鼎重875公斤，它是由铜、锡、铅合金铸成的。其中铜占84.77%，锡占11.64%，铅占2.79%。这与《考工记》"六

## 第三章 "和实生物"在中国古代社会发展中的成果和应用

齐"的规定成分已较接近。

郑州二里头、盘龙城等地出土的商代青铜器成分和金相分析结果表明,至少在商朝前期,中国的铅锡青铜合金技术已经达到了相当高的水平。在出土的青铜器中,不同种类、不同用途的器物所含的铅锡比例有着显著的区别。一般说来,兵器和工具中含铅量小,而礼器和容器则含铅量大,这是当时的工匠们在认识到铅锡含量对于青铜合金性能的影响之后有

图3-8 后母戊大方鼎
（司母戊大方鼎）

意识的做法。现代的研究表明,商代的青铜器中的铅锡比例有一定的科学性。铅的熔点相对比较低（327℃）,青铜合金中加入一定量的铅,可以增加合金材料的流动性,提高满流率,有利于获得棱角清晰、表面光洁的铸件,适合铸造对外表和形制要求比较高的礼器和容器,因此礼器和容器中含铅量相对要高些。然而,铅的硬度比较低,过多加入则会影响合金的刚性和硬度,不利于刺杀和切削,因此工具和兵器中含铅量比较小,而含有较多的硬度比较大的锡,增加器具的硬度和刚性。[①]

合金成分的比例差异不仅影响器物的功用和属性,而且对于青铜编钟的声色有重要的影响。在"六齐"配方中,对于钟的合金配方有着明确的规定:"六分其金而锡居一,谓之钟鼎之齐。"如果"金"作"青铜"解,那么钟鼎之中,锡的比例为14.29%,这个比例对于编钟来说是合理的。今人的试验分析表明,编钟中含锡量在12%～16%之间变动时,基频较低,弹性模量的变化趋势与频率的变化趋势大抵相当。声频谱分析表明,当锡含量高于13%时,可以得到较好的音色。[②]在出土的编钟中还含有少

---

[①] 卢嘉锡主编:《中国科学技术史》,北京:科学出版社,2007年,第221、233页。
[②] 叶学贤、贾云福等:《化学成分、组织、热处理对编钟声学特性的影响》,《江汉考古》,1981年第一期。

### 和实生物 同则不继

量的铅,研究表明,编钟中加入少量的铅是古人的一种有意行为,因为少量的铅(<3%)对钟声的阻尼和衰减有明显效果,可以减少演奏时后一个乐音对于前一个乐音的影响,有助于演奏出音质好的音乐来。①这种配方铸成的青铜,经现代冶金学和音乐界合作测试,近乎是制造青铜乐器的最佳配方。②

《吕氏春秋·别类》云:"金柔锡柔,合两柔则为刚。"合金技术,实际上体现了多种不同金属间的配比关系,不同单质金属通过合理的配比,得到具有新品质、新性能的合金体,是"和实生物"思想在冶金技术中的应用与具体成果之一。

**2. 炼钢技术**

考古资料表明,中国在约公元前6世纪的西周晚期就已经发明了生铁冶铸技术,而且从铁器时代开始,中国便是生铁、熟铁并用。然而,生铁性脆,不能承受塑性的加工过程;熟铁质软,虽有良好的延展性和韧性,但是硬度不足,适用范围小;于是综合生铁、熟铁之优点的钢应运而生。钢具有刚柔兼备的特点。钢的出现,大大扩展了铁的应用范围,并且逐渐取代了铜,成为金属兵器的主角。

早期的钢由块炼铁渗碳而成,即将块炼铁置于木炭火中,长时间加热,使碳渗入表层,再经过锻打,成为渗碳钢。渗碳钢工艺进一步的发展是将工件放在密闭容器内加热,其中按比例放入一定的渗碳剂和催化剂,使之渗碳。还有一种脱碳制钢方法,即将生铁在高温下"炒炼",使之氧化脱碳,成为熟铁或者钢。但是,渗碳制钢,费时费工,效率很低;而脱碳制钢则不易控制碳含量,经常得到熟铁或者低碳钢,不能够满足对硬度要求较高的兵器工具的制造需求。③于是,在长期的炼钢实践

---

① 叶学贤、贾云福等:《化学成分、组织、热处理对编钟声学特性的影响》《江汉考古》,1981年第一期。
② 卢嘉锡、路甬祥编:《中国古代科学史纲》,石家庄:河北科学技术出版社,1998年,第171页。
③ 华觉明:《中国古代钢铁技术的独创性成就》,《钢铁》,1978年第二期。

中，一种综合生、熟铁而制钢的灌钢技术出现了。

灌钢，又叫团钢，是中国古代发明的先进的炼钢技术。这是一种利用生铁含碳量高、熟铁含碳量低的特点，将生铁和熟铁按照一定比例配合起来炼钢的方法。生铁含碳量高，硬度大，刚性强，而熟铁含碳量低，较生铁柔弱，将二者按照一定比例配合，同时加热，由于生铁熔点低，在加热过程中，先行熔化而流入熟铁中，从而增加熟铁的含碳量，增强钢铁硬度，从而得到性能较好的钢。

关于灌钢法的最早明确记载见于南北朝时期的著作《重修政和经史证类备·本草·宝石部》，其引南朝齐梁炼丹家陶弘景（456～536年）语云："钢铁是杂炼生𨱎作刀镰者。""杂炼生𨱎"，即将生铁和熟铁混合起来锻炼钢铁之意。沈括（1031～1095年）在《梦溪笔谈》卷三中对宋代的灌钢技术更是作了较为详尽的描述，并且提出"团钢"、"灌钢"的概念："世间锻铁所谓钢铁者，用柔铁屈盘之，乃以生铁陷其

图3-9 《天工开物》中的"生熟炼钢术"图

和实生物 同则不继

间，泥封炼之，锻令相入，谓之团钢，亦谓之灌钢。"《天工开物》卷十四"五金篇"称之为"生熟相和，炼成则钢"（图3-9），生铁性刚，熟铁性柔，生熟配合，亦是刚柔之和。

中国古代的冶金技术取得这样的成就，不能否认与"和实生物"思想的指导性作用有关。

## （六）器械（弓箭、车辆）

《周礼·考工记》记述了先秦各种技术的情况，包括车辆、箭矢、兵甲、圭玉、钟磬等在内的各种器械的制作理念和标准，其中，贯穿全书始终的便是"和实生物"在器械制作过程中的指导性作用，体现了传统器械制造中的综合、整体思维特征。华觉明对这方面进行了深入的探讨。①

下面以弓箭和车辆为例，对器械中蕴含的"和实生物"思想作一简要介绍。

### 1. 弓箭

《考工记》提出"九和之弓"的概念。所谓九和之弓，即："材美工巧为之时，谓之参均；角不胜干，干不胜筋，谓参均；量其力有三均，均者三，谓之九和。"

"九和之弓"的第一个标准是材料、人工、天时、地气相配合。《考工记》在总叙中明确提出："天有时，地有气，材有美，工有巧，合此四者，然后可以为良。"器械制造需综合考虑天时、地气、良材及巧工四要素，四者相互配合，方能成良器。《国语·齐语》也提出器械制作需要考虑四时因素："今夫工，群萃而州处，审其四时。"弓由"六

---

① 华觉明：《"和"的哲学——从中西冶金技术差异看中国文化》，《二十一世纪》，1996年第10期。

材"构成，六材即干、角、丝、漆、筋、胶六种制弓之必要材料，《考工记》说"取六材必以其时"，郑玄注云："取干以冬，取角以秋，丝漆以夏，胶漆未闻。"强调天时对于采取制弓材料的重要性。

后又阐述了治材亦需"以其时"："凡为弓，冬析干而春液角，夏治筋，秋合三材，寒奠体，冰析灂。冬析干则易，春液角则合，夏治筋则不烦，秋合三材则合，寒奠体则张不流，冰析灂则审环，春被弦则一年之事。""六材既聚，巧者合之"，通过人的调制，然后可以得到质量优秀的良弓。

九和之弓的第二个标准便是弓的各个部件相和。"九和之弓，角与干权，筋三侔，胶三锊，丝三邸，漆三斞。"唐孔颖达疏云："此统上九和之弓，轻重相参，不可妄为加减之事。"构成弓箭之六材各有其用，"干也者，以为远也；角也者，以为疾也；筋也者，以为深也；胶也者，以为和也；丝也者，以为固也；漆也者，以为受霜露也。"疏云："在弓各有所用，六材相得，乃可为足也。"六材相互配合，方为良弓。

《天工开物·佳兵》卷十五"弧矢"指出：角、干、筋、胶、弦等"天生数物，缺一而良弓不成，非偶然也。"《韩诗外传》："夫巧弓之在手也，傅角被筋，胶漆之和，即可以为万乘之宝也。"银雀山汉墓出土竹简《孙膑兵法·兵情》："弩张柄不正，偏强偏弱而不和，其两洋之送矢也不壹，矢虽轻重得，前后适，犹不中。"为了使箭能中的，要把弓、箭的各部分都调整到互相配合的最佳状态，才能达到理想的效果。

九和之弓的第三个标准是量人力而制弓，即强调弓与人力相和，强者硬弓，弱者柔弓。《天工开物》卷十五："凡造弓，视人力强弱为轻重。"不仅如此，《考工记》又提到："凡为弓，各因其君之躬志虑血气。"注云："又随其人之情性。"制弓要将用弓者的心志思想、言语举动考虑在内，使弓与人和。"丰肉而短，宽缓以荼，若是者为之危弓，危弓为之安矢；骨直以立，忿埶以奔，若是者为之安弓，安弓为之危矢。"即性情柔缓之人，需要配以强弓柔矢，刚果猛毅之人，则需配

和实生物 同则不继

以弱弓疾矢，以调节其意志。如疏所云："言损赢济不足者，言丰肉宽缓是不足，则危弓济之，危弓为赢，则以安矢损之；骨直忿埶是赢，则安弓损之，安弓是不足，则以危矢济之。"弓、矢与持弓者的性情要到达相和的状态，否则"其人安，其弓安，其矢安，则莫能以速中，且不深；其人危，其弓危，其矢危，则莫能以愿中"。

弓在使用前需要调试，故有"和弓"的记载。银雀山汉墓出土竹简《孙膑兵法·兵情》："弩张柄不正，偏强偏弱而不和，其两洋之送矢也不壹，矢虽轻重得，前后适，犹不中。"为了使箭能中的，要把弓、箭的各部分都调整到互相配合的最佳状态，才能达到理想的效果。可见，弓虽小，其中却处处包含有"和实生物"的思想观念，它作为古代工艺机械的一个代表性产品，将"和实生物"的观念发挥得淋漓尽致。

### 2. 车辆

据文献记载，当三代禹夏时期，中国便已经有了用于交通运输的车辆。《史记·夏本纪》载大禹"陆行乘车"，不过至今还没有出土的实物加以证明。现存最早的车辆实物是殷墟车马坑出土的商代马车（约商代末期，即公元前14世纪），其造型美观、结构牢固，"已经比较定型，而且有一定的成熟性，显示出距离车的最初创制，已经为时不短"[①]。

图3-10　商代车马坑　　　　图3-11　殷墟车马坑中的马车——中国古代
　　　　　　　　　　　　　　　　最早的车马实物的复原品

---

① 孙机：《纪元前的中国古车》，转引自张春辉等编著：《中国机械工程发明史》（第二编），北京：清华大学出版社，2004年，第170页。

## 第三章 "和实生物"在中国古代社会发展中的成果和应用

殷墟考古发掘的殷代车马坑中的马车是华夏考古发现的畜力车最早的实物（图3-10），图3-11为复原品。这表明中国是世界上最早发明和使用车的文明古国之一。

20世纪80年代初，考古人员在秦始皇陵封土西侧挖掘出大量青铜马车碎片，经过多年努力加以复原，两辆精美绝伦的彩绘铜马车（图3-12）惊现于世，其大小约为秦时真马车一半。据修复人员统计，这套铜马车由3000多个零件构成，并且运用了诸如弯钉连接、销钉连接、子母扣榫卯连接、套接等十几种连接工艺。秦始皇陵铜马车的出土足以说明，至迟在秦代，中国的马车制作工艺已经达到了相当高的水平。

图3-12 在秦始皇陵挖掘出的青铜碎片马车的复原图

《考工记》较为详细、真实地记载了先秦车辆的制作工艺和技术标准。车辆是一种复杂的机械产品，由多种部件组合而成。《考工记》云："一器而工聚焉者，车为多。"其中主要的大部件有轮、舆、辕

## 和实生物 同则不继

一

三部分。符合标准的车辆要求三个部件相互协调、配合:"舆人为车,轮崇、车广、衡长,参如一,谓之参称。"即轮子高度、车厢宽度与衡之长度,三者要协调一致,只有达到"参称"标准,方为良车。《考工记》以精确的数字记录了车辆各部件间的比例、配合关系,为车辆各个部件的制作提供了可资参照的标准;以此标准所造之车,各部件相匹配和合,方为良车。《淮南子·说山训》载有:"毂强必以弱辐,两坚不能相和。"也强调了毂和辐相和合的关系。

《考工记》载:"轮人为轮,斩三材必以其时,三材既具,巧者和之。毂也者,以为利转也;辐也者,以为直指也;牙也者,以为固抱也。轮敝,三材不失职,谓之完。"说明制造车轮,需要使用三种木材(杂榆、檀、橿),分别用于轮毂、轮辐、轮缘的不同部分。需要技巧好的人把它们很好地装配在一起。而要三材能胜任,则取材的时间也很重要。郑玄注曰:"材在阳,则中冬斩之,在阴则中夏斩之。"

古人造车,不仅要求各个部件之间相互匹配,而且重视人、马和车三者之间的协调一致性。《考工记》提出车需"进则与马谋,退则与人谋",点明造车要协调好人马车三者之间的关系。

对车轮之标准有明确规定。《考工记》:"轮已崇,则人不能登也。轮已庳,则于马终古登阤也。"这是说,轮子过于高大,则人难以登车;而过于低下,则马就会经常像登坡一样,不能站立行走。轮子要高下适当,以适应人马之高度。车轮大小要协调人马车之关系,故古人对于兵车、田车、乘车之轮规格皆有明确要求:"故兵车之轮,六尺有六寸;田车之轮,六尺有三寸;乘车之轮,六尺有六寸。"

对盖之标准亦有规定。"盖已崇,则难为门也;盖已卑,是蔽目也。是故,盖崇十尺,良盖弗冒弗纮,殷畝而驰,不队(按:通坠)。"车盖要高下适宜,过高,则"难为门",过低,则"蔽目",故以高十尺为宜。郑玄注云:"十尺其中正也,盖十尺,宇二尺,而人长八尺,卑于此蔽人目。"

辕之标准是既要使人易登车,又要保证不"缢其牛",因此,主张改直辕为曲辕，这样，"终日驰骋，左不楗。行数千里，马不契需，终岁御，衣衽不蔽，此为辀之和也。""左"即驾车之御者，即按照这样的标准制造的车子，即使整日奔驰，驾车之人也不会感到疲倦。行走数千里，拉车之马也不会伤蹄倦怠。成年驾驶车辆，衣服也不会坏掉。这是车辕与人、马统筹兼顾的结果。

制造车的技术要求比房屋建筑和家具制作更高，因为车不是静态物，而是在不同道路条件下运转和工作着的动态物体，它更加需要部件间相互配合，对定量精度和一系列物理性能有严格的要求。同时，车辆各项指标需要与乘车之人、驾车之马相互协调。古代车辆的出现，把生产的复杂性、社会性推向了一个新阶段。

## （七）音乐

在中国传统文化中，音乐具有独特的政治和文化意义。它被置于同"礼"等量齐观的地位。二者皆是治国之良器，共同构成别具一格的"礼乐"文化。古人以礼分别不同等级，以音乐协和君臣上下。《礼记·乐记》云："乐者，天地之和也；礼者，天地之序也。""大乐与天地同和，大礼与天地同节。"圣人制乐，不在于娱乐身心、快意己欲，而是着眼于乐的移风易俗、协和万民之功用。

乐可以调和身心气血，劝人从善。《史记·乐书》："故音乐者，所以动荡血脉，通流精神而和正心也。故宫动脾而和正圣，商动肺而和正义，角动肝而和正仁，徵动心而和正礼，羽动肾而和正智。"

乐可以谐和君臣上下之关系："是故乐在宗庙之中，君臣上下同听之，则莫不和敬；在族长乡里之中，长幼同听之，则莫不和顺；在闺门之内，父子兄弟同听之，则莫不和亲。故乐者，审一以定和，比物以饰节，节奏合以成文，所以合和父子君臣，附余万民也。是先王立乐之方也……"

### 和实生物 同则不继

乐还可以谐和天地万物:"是故大人举礼乐,则天地将为昭焉。天地欣合,阴阳相得,煦妪覆育万物,然后草木茂,区萌达,羽翮奋,角觡生,蛰虫昭苏,羽者妪伏,毛者孕鬻,胎生者不殰而卵生者不殈,则乐之道归焉耳。"

圣人制乐之本,即在于谐和万物人伦,齐家治国平天下。此圣人制乐之理想,也是乐的功用之所在,蕴含了浓重的"和实生物"的味道。

乐由不同的声律、音调通过协调配合,交织互错而成。《尚书·舜典》记载舜帝命夔负责"典乐",要做到:"诗言志,歌永言,声依永,律和声,八音克谐,无相夺伦,神人以和。"

声和律是构成音乐的基础,声即五声:宫、商、角、徵、羽,一首乐曲由五声来确定音调。律即十二律,有阴阳之分,各六种,又常以"六律"代指。阳律六种为黄钟、太簇、姑洗、蕤宾、夷则和亡射;阴律六种为林钟、南宫、应钟、大吕、夹钟和中吕,又叫做"六吕",十二律用来确定实际的音高。

八音即八种演奏乐器,就其材质言,指土、匏、皮、竹、丝、石、金、木。《汉书·律历志》解释八音:"土曰埙,匏曰笙,皮曰鼓,竹曰管,丝曰弦,石曰磬,金曰钟,木曰柷。"五声、六律调谐搭配,奏之于八音,一首优美的乐曲便应之而成,《舜典》注云:"当依声律以和乐。伦,理也,八音能谐理不相错夺,则神人咸和。"

制乐要求五声、六律、八音各种要素调谐交织,追求多个声部、多种乐器协奏齐鸣,从而产生跌宕起伏、气势恢宏的乐章,这种多样性的协调搭配,恰到好处地抒发了"和实生物"的思想内涵。

音乐中"和实生物"的观念还体现在古人对平正中和音乐理论的阐述。乐拍及乐器之轻重缓急、清浊大小要适中,"过"与"不及"皆不符合作乐的标准。《左传·昭公元年》载秦医和论乐,云:"先王之乐,所以节百事也,故有五节:迟速本末以相及,中声以降。五降以后,不容弹矣。于是有烦手淫声,慆堙心耳,乃忘和平,君子弗听也。"意思

## 第三章 "和实生物"在中国古代社会发展中的成果和应用

是说,先王之乐,是用来调节百事的,有宫商角徵羽五声的节制,调和迟速本末,而得中和之声。中和之声以后,五声皆降,不可再弹奏,否则就会变为繁复的手法,成为靡靡之音,扰乱心性,君子不听这种音乐。[①]这里倡导的便是"平正中和"的音乐理论。

《吕氏春秋·适乐篇》提出,乐要适中有节,声音太大、太小、太清、太浊皆会影响人的身心健康,扰乱心志。它进而提出乐适中的标准:"何谓适?衷,音之适也。何谓衷?大不出钧,重不过石,小大轻重之衷也。黄钟之宫,音之本也,清浊之衷也。衷也者,适也。以适听适则和矣。乐无太,平和者是也。"乐之中以"黄钟之宫"为标准,黄钟为六律之中,宫调为五声之中,故黄钟之宫为乐之中。这是对音乐"适中"理论的明确表述。

中和音乐理论,还鲜明地体现在古人对"音"与"乐"的界定上。《礼记·乐记》:"声相应,故生变;变成方,谓之音。"声与音有别,声是构成音的基础。音与乐亦有别,音律调和适当方成乐。《史记·乐书》云:"是故知声而不知音者,禽兽是也;知音而不知乐者,众庶是也;唯君子为能知乐。是故审声以知音,审音以知乐。"失和单调的乐音,只能称之为"音",不可位列大乐行列。

由于古人对音乐教化意义的认知,在古人的观念中,音乐不仅仅是声音、乐器的调谐交织,还是德的体现,它承载着传统教化中德的因素。《易·豫》象辞云:"先王以作乐崇德,殷荐之上帝,以配祖考。"历代各有表征其德行的大乐,黄帝有《咸池》,颛顼有《六茎》,帝喾有《五英》,尧有《大章》,舜有《招》乐,禹有《夏》乐,汤有《濩》乐,武王有《武》乐,周公有《勺》乐,各有其特定的道德表征意义。《汉书·礼乐志》解释道:"《勺》,言能勺先祖之道也。《武》,言以功定天下也。《濩》,言救民也。《夏》,大承二帝也。《招》,继尧也。《大章》,章之也。《五英》,英华茂也。《六

---

[①] 杨伯峻:《春秋左传注》,北京:中华书局,2005年,第1221~1222页。

### 和实生物 同则不继

茎》，及根茎也。《咸池》，备矣。"

《礼记·乐记》载魏文侯（？～前396年）问子夏（前507～前400年）先王古乐和郑卫今乐的区别，子夏告知魏文侯：郑卫今乐只能称之为"音"，而先王古乐才称得上"乐"；"乐者，与音相近而不同"。郑玄注："铿锵之类，皆为音，应律乃为乐。"孔颖达疏曰："子夏之意，以古乐德正音和，乃为乐。今乐但淫声音曲而已，不得为乐。"其后，子夏又说："正六律，和五声，弦歌诗颂，此之谓德音。德音之谓乐。"也就是说，符合中和适当的音方能称得上是乐。

乐与德配，乐与德相合，反之，德也要同乐相合，否则，会招致身死国亡之祸害。《史记·乐书》载晋平公（前557年在位）命乐师旷（前572～前532年）为他弹奏古代最悲之乐，师旷劝曰："君德义薄，不可以听之。"平公强迫之，师旷不得已援琴弹奏，结果"一奏之，有白云从西北起；再奏之，大风至而雨随之，飞廊瓦，左右皆奔走。"晋平公德行浅薄，却听与其德行不相匹配之大乐，结果酿成大祸。

从以上所引史料中，我们可以看出古人对于乐与德关系的深刻认知，乐与德一定要相和合。这也是古代音乐"和实生物"精神的内在要求。

基于乐在传统文化中的特殊意义以及古人对乐的极度重视，中国古代音乐发展达到了很高的水平，取得了很高的成就，不仅出现完整的声律体系，乐器的制作和使用也走在世界的前列。据统计，仅《诗经》一书就记载了29种乐器，其中钟、鼓、磬、钲、缶等打击乐器21种，箫、笙、篪、管、埙等吹奏乐器6种，还有2种弹拨乐器琴和瑟。①

图3-13 贾湖骨笛

迄今为止，中国发现的最早的乐器是1987年河

---

① 卢嘉锡、路甬祥编：《中国古代科学史纲》，石家庄：河北科学技术出版社，1998年，第168页。

## 第三章 "和实生物"在中国古代社会发展中的成果和应用

南省舞阳县贾湖裴李岗文化遗址出土的贾湖骨笛（图3-13），多年的研究和测音表明，这批骨笛中最早者距今已有9000多年的历史，但令人们感到震惊的是，至今仍能吹出四声音阶和五声音阶，还可以用来吹奏完整的乐曲。[①]这说明，至少在9000多年前的新石器时代，中国的音乐理论和乐器制造水平就已经取得了较高的成就。

这种成就的顶峰见于1978年出土于今湖北随州市的曾侯乙（？～前443年或略后）编钟（图3-14）。整套编钟铸造精美，气势恢宏，尤为突出地说明中国古代声律科学的发展水平。合金成分比例、钟体大小、钟壁薄厚对音色、音高的影响在曾侯乙编钟身上表现得完美无缺。每个对合瓦形的钟，在敲打时都能在正面和侧面各发出一个音，这就是"一钟双音"现象，它可以演奏各种调式，而且能够按照需要灵活自如地旋宫转调。曾侯乙编钟是中国古代音乐艺术的杰出典范，代表了古代乐器发展的非凡成就。

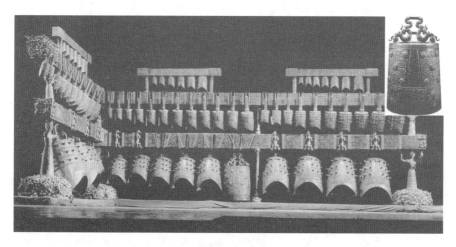

图3-14　曾侯乙编钟

与声乐科学紧密相关，古代对声音共振现象也早有关注并加以应

---

[①] 萧兴华：《中国音乐文化文明九千年——试论河南舞阳贾湖骨笛的发掘及其意义》，《音乐研究》，2000年第一期。

81

## 和实生物 同则不继

图3-15 纸人共振实验

用。《庄子·徐无鬼》中有一段文字记载:"为之调瑟,废一于堂,废一于室,鼓宫宫动,鼓角角动,音律同矣。夫或改调一弦。于五音无当也,鼓之,二十五弦皆动。"这一段引文前一句话说的是基音与基音之间的共振,而后一句话说的是基音与泛音之间的共振现象。北宋沈括还设计一个纸人实验用于共振现象的探讨。《梦溪笔谈》补笔谈卷上载:"剪纸人加弦上,鼓其应弦,则纸人跃,他弦即不动。"(图3-15)在世界同类实验中,沈括的纸人共振实验是最早的。

### (八) 水利

几千年以来,中华民族生存于严峻的自然环境之中,在与洪涝、干旱等自然灾害作斗争的过程中,积累了丰富的治水理论和经验,修筑了不少泽被子孙后代的水利工程。这些理论和水利建设充分地体现了"和实生物"的观念。

### 1. 夏禹治水

三代之际,洪水频发。《孟子·滕文公上》描述当时情况是:"洪水横流,泛滥于天下,草木畅茂,禽兽繁殖,五谷不登,禽兽偪人。"这使人们生存受到严重威胁,于是尧帝命鲧治理洪水。鲧采取之前共工"壅防百川,堕高堙庳"(《国语·周语下》)的治河措施,即筑土作堤堵截、阻拦洪水,但治水以失败告终。

## 第三章 "和实生物"在中国古代社会发展中的成果和应用

大禹继承父志继续治理黄河,把鲧以"堵截"为主的治水方针改变为以疏导为主、疏堵结合的治水方针,"因水之性""疏川导滞",即顺应水流之势,以疏导方法为主,将洪水疏排入海,由消极防洪转为积极治河。《孟子·滕文公上》:"禹疏九河,瀹济漯而注诸海。决汝汉,排淮泗,而注之江。然后中国可得而食也。""湮洪水"(《庄子·天下篇》)、"陂九泽",都表明禹亦把堙洪水、蓄水滞洪,作为辅助手段。

图3-16 夏禹

《淮南子·原道训》云:"禹之决渎也,因水以为师。"根据水流运动规律,因势利导,疏浚排洪。具体做法是:"决九川距四海,浚畎浍距川。"(《尚书·益稷》),即开通河川将水引入大海,又浚畎浍等渠道,将洪水排入河川。大禹这种因水之势的治河思想,很好地处理了人与自然的关系,符合"和实生物"的发展观。

大禹治水使中国在1000多年间没有发生大的洪水灾害。西汉年间,黄河频繁决口,洪水灾害又开始严重起来,有些人提出任水自然的思想,其实是大禹治水思想的延续。

贾让以《治河三策》上书汉武帝(前156~前87年),鲜明体现了他的任水自然观。贾让认为治河应以疏导为优,将大禹治河实践加以理论化,其奏书云:"夫土之有川,犹人之有口也。治土而防其川,犹止儿啼而塞其口,岂不遽止,然其死可立而待也。故曰:'善为川者,决之使道;善为民者,宣之使言。'"(《汉书·沟洫志》)

贾让对于黄河灾害提出了自己的独特见解。他指出:古代河有河道,人有人居处,各不相干,无水害之说。战国以降,人们贪图河滩沃

83

和实生物　同则不继

壤，而近河筑堤，导致河水疏通受束，渐致水害，淹没良田屋宅，此实在是贪婪的人们未能遵循人水之约而自取其害。由此，贾让提出治理黄河的上策，便是另开辟一处宽阔的场所供黄河泄洪，为此要迁移百姓。他认为这是根除黄河水害的办法。"今行上策，徙冀州之民当水冲者，决黎阳遮害亭，放河使北入海。"（《汉书·沟洫志》）只有如此，方能"河定民安，千载无虑"。贾让的任水自然思想对后世影响极大，后代屡有提及。

这些是传统河流治理和水利建设中的一种别具特色的思想，强调尊重水性，顺从自然，强调人类与自然协调发展、和谐相处。

## 2. 都江堰

都江堰位于四川西部灌县（今都江堰市），正当岷江出山谷的冲积扇顶点。每当雨季，洪水由山区夹带大量沙石而下，对下游平原危害极大。

秦昭王（前306～前251年）时，蜀郡太守李冰及其子调查地形，因地制宜，因水导势，于秦孝文王元年（前250年）建成了一个集防洪、航运（兼漂木）和灌溉为一体的综合利用的水利工程。史载："蜀守（李）冰凿离碓，辟（避）沫水之害，穿二江成都之中。"[①]（《史记·河渠书》）《华阳国志·蜀志》载："冰乃壅江作堋……以行舟船。岷山多梓、柏、大竹，颓顺水流，坐致材木，功省用饶。又溉灌三郡，开稻田。于是蜀沃野千里，号为'陆海'。旱则引水浸润，雨则杜塞水门。故记曰：'水旱从人，不知饥馑；时无荒年，天下谓之天府也。'"这一工程经过了两千多年实际运用的考验，至今仍在发挥它的巨大作用。

都江堰工程由四个部分组成：(1)分水工程。在水流湍急的岷江中，

---

[①] 离碓即今之离堆山，沫水即暴雨洪水，二江即自岷江左岸引水通往成都的两条干渠。注释见西华大学蜀学研究中心等编：《都江堰文献集成·历史文献卷（先秦至清代）》，成都：巴蜀书社，2007年，第2页。

修建分水鱼嘴，把岷江一分为二，外江（原岷江河道）主要功能是行洪排沙，内江主要功能是引水灌溉。(2)开挖内江引水河道，其左岸靠山，可使河道稳定，其右岸筑堤（金刚堤）防护。(3)溢水排沙工程。在内江引水河道右岸中部设一平水槽的侧向溢水，并且在其下端修建飞沙堰，兼具泄洪和排沙的作用。(4)进水控制工程（图3-17、3-18）。在玉垒山开凿进水口（宝瓶口），以控制进水和防洪。

图3-17 都江堰古图　　　　图3-18 都江堰平面图

在堰首立三石人，根据水淹没石人的部位来了解水量，以"涸不至足，盛不没肩"作为观测水位变化尺度的标准。同时，有"深淘滩，低作堰"的治理原则。所谓"深淘滩，低作堰"，即每岁枯水期淘挖河段中淤积的沙石，蓄水以供给灌溉，同时减轻丰水期洪水对堤堰的冲击，这是"低作堰"的保障；"低作堰"出于便于排泄洪水、避免被冲溃的考虑。古人评云："滩深淘则水可容，将无不足之患；堰低作水可泄，将无横决之忧。"（《灌记初稿·记水利》）这一六字方针综合考虑各方要素，成功处理泥沙与洪水、蓄水与泄洪的矛盾，体现了"和实生物"的观念。这也是都江堰历经两千年中的洪水、地震的考验仍顽强屹立的关键之所在。

修建都江堰时的灌溉面积为50万亩，新中国成立以前增加到200万亩,20世纪80年代已扩大到700万亩,而今已达千万亩。

都江堰建成至今已2200多年,历代虽有改进,但基本格局和规划原则并无根本改变,保持了历史的延续性。它可能是世界上目前仍在发挥重大作用的最大、最古老的水利工程。

著名水利专家谢家泽(1911~1993年)认为:都江堰工程布置和治理原则是很成功的,说明当时古人对于岷江河流特性、水沙(特别是推移质沙石)运动特性,以及水位流量关系等,已有了深刻认识,并创造了应用分水鱼嘴等侧向溢洪和排沙的成功经验。[①]

2008年发生了汶川8.0级大地震,距震中很近的都江堰工程又一次经历了严重天灾的考验。整个工程由于"低作堰"的结果,只受到轻微破坏,在大地震后很快就恢复正常运转。都江堰的堰体是用填满砾石的竹笼堆垒、连接而成的,一方面有原地取材、成本低廉的优点;另一方面则有易于更换、修补的长处。而邻近的新建不久的紫坪铺水库在汶川大地震时受到严重破坏后,至今难以正常运行。

都江堰工程经历了两千多年的天灾人祸的考验,至今还在发挥重要作用。它的持续发展经验应加以认真总结和推广应用。

## (九)阴阳历

古今中外的历法,归纳起来不过三种类型:依据太阳的回归运动制定的阳历,依据月球绕地运动制定的阴历,综合考虑太阳、月球的运动规律而制定的阴阳历。

中国自先秦开始,便一直采用阴阳历。20世纪30年代,董作宾(1895~1963年)通过对甲骨卜辞的研究,提出殷商时期所推行的"殷历"便是一种阴阳历的看法。[②]古天文研究表明,殷历以月亮圆缺周期

---

[①] 谢家泽:《都江堰枢纽述评》,见:中国水利水电科学研究院:《谢家泽文集》,北京:中国科学技术出版社,1995年,第61页。
[②] 董作宾:《卜辞中所见殷历》,《安阳发掘报告》,1931年。

## 第三章 "和实生物"在中国古代社会发展中的成果和应用

来记月,有平年、闰年之别,平年12月,闰年13月;月有大小之别,大月30天,小月29天,这是一种明显具备阴阳历特点的历法。《尚书·尧典》云:"期三百有六旬有六日,以闰月定四时成岁。"唐孔颖达疏云:"一岁有余十二日,未盈三岁足得一月,则置闰焉","合四时之节气,月之大小,日之甲乙,使齐一也。"可知,当时就已经以三百六十六日为一年,一年分为四时,并有未足三年一闰的安排。大约在春秋中叶,出现了"十九年七闰"的正确认识,阴阳历历法特点大致成形;几千年来一直沿用不弃,后世制历,皆以此为蓝本,在天文实测的基础上,使得数据不断精准。[①]时至今日,中国实行的仍旧是阴阳历(在中国民间称为"农历")。

中国传统历法实行阴阳历,是有其现实依据的。它以月亮的阴晴圆缺作为阴历制定的依据,因为人们容易观察月相的变化。月亮运行的周期性变化与人体、生物的生理状况有密切的联系。中医学认为,月满之时,人体气血充盈,肌理坚密,抵御外病侵扰能力强;反之,月亏之时,人体气血亏虚,肌理松弛,抗外界干扰能力差,易得暴病而亡。[②]此外,人体各个生理系统与月相变化也有一定的关系。[③]因此,以月相变化制定历法,"对于发现、认识和推定患者不同疾病的发端、病位、病变趋势是有一定意义的"[④]。

同时,一年中农作物生长和农业生产的实际情况与太阳有关。中国古人将与太阳有关的运行轨道分为二十四份,制定了二十四节气,每个节气对应一定的物候,如有:东风解冻、蛰虫始振、鱼上冰、鸿雁来、玄鸟归等。二十四节气的制定,是古人实践经验的总结,反过来它对于

---

① 卢嘉锡、路甬祥编:《中国古代科学史纲》,石家庄:河北科学技术出版社,1998年,第496页。
② 《灵枢·岁露》少师曰:"人与天地相参也,与日月相应也。故月满则海水西盛,人血气积,肌肉充,皮肤致,毛发坚,腠理郄、烟垢著。当是之时,虽遇贼风,其入浅不深。至其月郭空,则海水东盛,人气血虚,其卫气去,形独居,肌肉减,皮肤纵,腠理开,毛发残,膲理薄,烟垢落。当是之时,遇贼风则其入深,其病人也卒暴。"
③ 见《灵枢·阴阳系日月》。
④ 刘长林:《中国系统思维》,北京:中国社会科学出版社,1997年,第342~343页。

和实生物 同则不继

后人掌握气候的变化，指导农业生产有着重要的参考价值。今天还在流传着的农业谚语很通俗地体现了二十四节气对农业的指导意义，如"清明下雨，为雨下秧"，"清明雨星星，一棵高粱打一升"，"谷雨栽上红薯秧，一棵能收一大筐"。

由此可见，这种以阴历与阳历相结合的阴阳历在中国的出现是十分合理的。它综合考虑日月五星的天文实际，同时又结合人们的具体生产、生活状况。

当前世界上通用的是阳历，它仅仅考虑太阳的运行状况，将一回归年人为地划分为12个月，每个月长度的确定是人为的，没有考虑月相变化对人们生活的影响。

在中国延续应用了几千年的阴阳历是将太阳和月亮对地球的影响都考虑在内。它对中华文明的持续发展（农事活动、日常生活、健康安全、灾害预测等许多方面）发挥了重要作用①，这一历法比公历、阴历提供更多的信息，至今还在应用。这是"和实生物"的思想给中国历法带来的实际效果。

## （十）建筑

相对于科学技术其他领域而言，建筑承载了更多的艺术和文化内涵，它综合地体现了一个民族的审美情趣、文化底蕴和科技水平。中国古代建筑受到中国传统文化的深刻影响，对"和实生物"的崇尚成为其核心文化思想。这也使中国古代建筑在世界建筑史上独树一帜。

### 1. 紫禁城

中国古代建筑注重建筑群落的设置，它往往将多个单体建筑按照一

---

① 翁文波、张清：《天干地支纪历与预测》，北京：石油工业出版社，1993年。

定的组合关系配合起来，构成一个庞大的建筑群落。在建筑群落中，单体建筑不见得如何地恢宏、气派，但是由许多单体建筑相互补充、相互配合而形成的建筑群落，则往往会营造出一种气势非凡的整体美来。

图3-19 北京故宫鸟瞰

北京的明清皇宫紫禁城就是这样一个建筑群落（图3-19）。它现有房屋980座，计8704间，分别看来，每座建筑物并不显得高峻，但是众多建筑在中轴线两侧错落有致、井然有序地分布配合，却营造出一种雄伟壮观的气势来。紫禁城在建筑布局方面体现了"和实生物"的内涵。

"和"要求人际关系的和谐，紫禁城在这方面有许多喻示。紫禁城各宫殿、殿门的名称更显示出其对"和实生物"的重视。例如，在贯通南北的中轴线上有三大殿以"和"命名：太和殿、保和殿、中和殿，还有一个太和门。太和门外的文华殿、武英殿及其大门协和门及熙和门，象征满朝文武、将相之和；以太和殿为中心构建出的主体建筑与整个宫殿其他建筑，喻示君臣之和；乾清、坤宁二宫象征帝后（夫妻）之

89

和实生物 同则不继

和;坐落在其间的交泰殿,更有"天地交合、安康美满"之意。其他以"和"命名的尚有永和宫、体和殿、感和殿等建筑。此外,北京还有颐和园、雍和宫等名胜。这些名称体现了前人对"和实生物"观念的反复强调。

总之,无论从整体建筑布局还是从具体的建筑形制来看,作为世界上现存规模最大、气势最宏伟、保存最完整的皇宫——紫禁城,都自觉将"和"作为其建筑的指导思想和文化核心,这是"和实生物"思想在传统建筑领域的鲜活体现。

**2. 中国传统园林艺术**

中国有着悠久的具有特色的园林营造历史、高超的园林建筑理论和技术。在中国传统园林建筑艺术中,核心指导思想仍是"和实生物"。传统园林建筑强调的是向自然回归与对自然的效仿,它注重的是人与自然的和谐相处,这也是"和实生物"的内涵之一。

园林布局讲求因地制宜,往往依山抱水,随高就下。计成(1582~?)在《园冶·相地》中说:"园基不拘方向,地势自有高低,涉门成趣,得景随形……如方如圆,似偏似曲……相地合宜,构园得体。"强调园林选址没有机械的范式,只要充分发挥地形、地势之有利条件,并随地势之方、圆、偏、曲合理安排建筑,就会取得"构园得体"的效果。但是在各种背景中,以自然山林为佳,因为山林有自然野趣:"园地惟山林最胜,有高有凹,有曲有深,有峻而悬,有平而坦,自成天然之趣,不烦人事之工。"体现出园林艺术追求的便是这种与自然和谐相处的天然之趣。《园冶》还提到,在园林建筑中,谨记"休犯山林罪过",在利用自然的同时,尊重自然,求得同自然的和谐共处。

园林中的人工建筑,往往巧妙地模仿自然山水之态,尽量去除人为之雕饰。园林构成要素之山、水、花木、路径等皆取法自然。造山之石要尽量求瘦、皱、漏、透、清、顽、丑、拙,追求自然变化,方堪称上

第三章 "和实生物"在中国古代社会发展中的成果和应用

图3-20 中式园林

品。花木，或孤植，或散植，或丛植，或群植，忌讳千篇一律，追求自然生长之态。园林小路更是要曲径通幽，实现山重水复的欣赏效果。

### 3. 应县木塔

坐落于山西应县城内西北角的佛宫寺释迦塔，俗称应县木塔，是中国现存最古的一座木构塔式建筑，也是唯一的一座木结构楼阁式塔（图3-21）。应县木塔建于辽清宁二年（1056年，一说建于后晋天福即936～944年间），总高67米有余，全塔内外檐有斗拱54种，集传统建筑斗拱之大成。它具有双层套筒式结构和梁、枋间"斜撑"结构，有极强的抗震性，曾多次遭受周边地区的地震，至今仍旧岿然不动。[①]由此可窥见中国传统木结构建筑稳定性之一斑。

图3-21 山西应县木塔

中国传统建筑以木料为主要的建筑材料，而西方（以及印度），传统建筑皆以砖石为建筑材料。（现代的研究表明，花岗岩等具有放射性，对人身体有害，不如木材"绿色"。）中国传统建筑以梁柱为基本构架，即以梁、柱来支撑屋顶

---

[①] 杨永生主编：《中国古建筑全览》，天津：天津科学技术出版社，1996年，第374页。

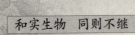

和实生物　同则不继

的主要重量，同时以斗拱结合梁柱，各节点采取榫卯联结，由于榫卯的节点不可能完全密闭，而木材本身又有一定伸缩性，这使传统建筑有很强的稳定性，有较强的抗震性。

总之，中国传统建筑追求的最高欣赏境界是：人工建筑与自然环境交互融合，协同存在，从而达到一种"和实生物"的自然状态。它把建筑变相地运用于现实的自然环境，是建筑与自然环境之间的进一步渗透。

# 第四章
## "和实生物"与"优胜劣汰"发展观的比较

## 第四章 "和实生物"与"优胜劣汰"发展观的比较

自然、社会的发展永不停歇,发展是事物的变化过程。人类社会在发展过程中充满着许多曲折和变数。古往今来,一代又一代人积极探索社会发展的正确道路。如何正确对待发展的问题,是个人、企业、国家、社会必须面对的课题。

发展观是人们对自然界和社会发展、变化的一种基本观念,是关于发展的本质、目的、内涵和要求的总体认识和根本看法。进入20世纪,世界上存在着两种基本的发展观点:一种认为发展是减少和增加,是重复;另一种认为发展是对立面的统一。前一种发展观是以进化论为代表的,后一种发展观认为,矛盾是发展的源泉,事物的发展是从量变到质变,又从质变到量变的过程,是从肯定到否定再到否定之否定的螺旋式上升的过程。唯物辩证法认为,一切事物发展的根本原因,在于事物本身的内在矛盾运动,旧的矛盾解决,还会产生新的矛盾。发展就是事物内部矛盾不断产生、变化和解决的过程。[①]

这个世界如何发展?中国古人认为,新结构、新事物、新生命的生成和发展主要依靠多种不同事物、要素相互联系,相互作用,相互影响,从而要注重差异,强调多种事物的存在。"和实生物,同则不继"是一个包含尊重差异,着眼于长治久安过程的观念,各种事物是在差异性和过程性基础上互补、协调及共处,方能持续发展。这个观念对中华文明几千年的持续发展中起了很大作用,然而,却在近百年来遭到被淡化、贬低和扭曲的对待,其原因与从西方引入的"优胜劣汰"的观念有着密切的联系。

---

[①] 全国干部培训教材编审指导委员会编:《科学发展观》,北京:人民出版社、党建读物出版社,2006年,第2页。

和实生物 同则不继

## （一）西方发展观的主流是进化论

当前占主导地位的发展观念是达尔文的进化论。①从19世纪中叶开始，100多年来，进化论已被应用到经济、文化、社会、科学等许多领域，成为当前主流发展观的理论基础，被誉为是19世纪自然科学三大发现之一。

《辞海》"进化论"条目：亦称"演化论"，旧称"天演论"，通常指生物界的进化理论，认为生物在进化过程中，通过变异、遗传和自然选择，生物从低级到高级，从简单到复杂，种类由少到多。

在进化论的片面强调下，形成了以下错觉（概念）：新的就是好的，优的就是好的；高等生物要优于低等生物，复杂生物要优于简单生物；人类社会在地球上出现得较晚，在许多生物中也因此是最优、最好的，把人类置于其它生物之上。

400年前，西方文化找到了经济发展的新途径，认为人类控制自然的力量蕴藏于知识之中，从而发展了主客二分的"科学"。几百年来，科学快速进步，一定程度上满足了社会需求，从而使许多人错误地认为：征服了自然就意味着人的解放。

在20世纪，以进化论的核心观念"优胜劣汰"为指导，现代工业生产以及它带来的物质文明，得到了快速发展。它是一种以人对自然的征服为手段，过度消耗有限资源，无控制地排泄废物和无节制地消费，从而严重破坏生态环境为特征的生产、消费方式。这种"高增长、高消费、高污染"的发展道路是危险的，继续下去会使人类自我毁灭。

这在历史上是有先例的。例如，玛雅文明从公元前800年开始，不断地发展了1700年。人口每隔400年翻一番，到公元900年达到500万人。

---

① "进化论"一词最早是由法国拉马克提出，后来为英国达尔文发展。两人对进化论的观点存在较大的差异。本书涉及的仅仅是达尔文的进化论，其核心观念是"优胜劣汰"。

### 第四章 "和实生物"与"优胜劣汰"发展观的比较

然后,在接下来的数十年内人口下降到不足原来十分之一。玛雅文明突然崩溃的原因有可能是在其活动区域内过度快速发展,浪费资源,严重破坏生态环境,造成人与自然的严重失衡而引发的生存危机。因此,发展过分或不当,是有可能会导致一个社会、一个文明崩溃的。

西方发展的重要推动力是以损坏自然为前提的;一部分的发展是以另一部分的衰退为前提的;资本家的发展是以工人阶级的不发展为前提的;后来转变为北方国家的大发展是以南方国家的大破坏为前提的;资本主义中心的发展始终是通过抑制外围地区的不发展为前提。这一片面观念造成的各方面的危害很大。

因此,对现有的所谓主流发展观的理论核心——"优胜劣汰"应进行重新审视,对现有的发展(与此有关的资本、生产、科技、消费等问题)观念要重新认识。

## (二)进化论的核心观念是优胜劣汰

西方近代自然科学有两大理论支柱:一是牛顿科学,其核心观念是机械论;二是达尔文的进化论,其核心观念是优胜劣汰。经历了20世纪,在学术界,牛顿科学的确定性宇宙观念已受到较多的质疑,但是对已流传了100余年"优胜劣汰"的崇拜则尚未受到根本性的冲击。

产生于19世纪中叶的达尔文进化理论的提出,对西方的科学、哲学、宗教、政治、文化等方面都产生了极为重大的影响,经过100多年的事实检验,它已暴露出狭隘、粗糙、片面等许多缺陷。

达尔文的实践考察主要是两个方面:一是1831~1836年乘贝格尔号舰的环球旅游(考察);一是在作物的人工培植和家养动物的人工饲养方面(人工"选择")。人工选择的基本方法有两个:一是择优,一是汰劣,或称剪除"无赖汉"。他由马尔萨斯的《人口论》,联想到物种不断演变的主要动力应该是自然选择作用。

### 和实生物 同则不继

达尔文的进化理论由五个部分组成：(1) 物种并非恒定不变；(2) 所有生物都来自于共同的祖先（分支进化）；(3) 进化是逐渐的（不存在跳跃，不存在间断）；(4) 物种的增殖（多样性的起源）；(5) 自然选择。自然选择是最为重要的部分。

#### 1. 生存斗争

生存斗争是自然选择学说的关键（《物种起源》第三章的标题是"生存斗争"），生存斗争的原因是高繁殖率与食物和生存空间有限性的矛盾。

达尔文提出："一切生物都有高速率增加其个体数量的倾向，这必然会导致生存斗争。""每一生物在生命的一定时期必须靠斗争才能存活。""最激烈的生存斗争几乎总是发生于同种的个体之间，因为它们生存于同一地区，需要同样的食物，遭受同样的威胁。""在那些习性、体质和构造上最近似的类型中，生存斗争最为激烈。"①在达尔文看来，这种斗争也经常发生在不同物种的个体之间，但是，同一群体中的竞争通常最激烈，因为产生出来的个体要比可能生存下来的个体数量多，所以在任何情况下都存在着为了生存的斗争。在生存斗争中，一个生物体如果不具有胜过其它生物体的优点，就要被淘汰。

#### 2. 自然选择

达尔文强调生物进化的主要动因是自然选择，自然选择是通过生死存亡的斗争使最适者生存下来，突出了"选择"和"斗争"的关系，把它置于首位。在斗争中，具有某些变异特征的个体可能会赢得更多的生存机会，而另一些个体则可能被淘汰。

达尔文从而推论："自然选择只能通过给各种生物谋取自身利益的方式而发生作用。""自然选择改变一个物种的构造时不可能不是为

---

① [英]达尔文：《物种起源》，舒德干等译，北京：北京大学出版社，2005年，第46、47、51、72页。

第四章 "和实生物"与"优胜劣汰"发展观的比较

了对这一物种有利而是为了对另一物种有利。""自然选择完全根据各生物的自身利益,并且完全为了它们的利益而起作用。""对于自然选择来说,流逝的时间本身并不起什么作用,它既不推动又不妨碍自然选择。"①

群体中存在大量变异,选择(淘汰),是导致进化的关键。有利的变异将较多地保存下来,有害的变异则被淘汰。达尔文将自然选择称做一个淘汰过程。作为下一代的亲本的个体的兄弟姐妹都在自然选择过程中遭到了淘汰。

自然选择是"适者生存",选择的过程确定出"最好"或"最适应"的表现型,淘汰不适应的个体可能会使更多的个体生存下去。自然选择过程是一个减少多样性的过程。

"选择"一词潜在地具有"非此即彼"的意义,即是从多个个体(或分类单位)选取其中一个(或几个),把多个个体的相互关系看成是相互对立、相互排斥的,而不能兼顾其它。

### 3. 物种形成

进化是每一个群体中的个体从一代到另一代的更新。在大量的后代中,只有部分个体可以存活下去,并生出下一代。那些最有可能成功生存下去并且繁衍后代的个体就是由于拥有了特殊组合而最适应生存环境的个体,这样导致的群体变化就叫做进化。有利变异经过长期积累,导致新种形成。物种的形成是种内连续性的间断。

生物通过生存斗争和自然选择而进化,无论是动物、植物,还是其他生物,每时每刻都在为"生存"而"斗争",生物的进化是对群落内或种内的变异进行自然选择的结果。其实质是弱肉强食,其结果是优胜劣汰。

达尔文提出:在自然选择的作用下,从最简单的类似细菌一样的生

---

① [英]达尔文:《物种起源》,舒德干等译,北京:北京大学出版社,2005年,第57、58、114、61页。

### 和实生物 同则不继

物进化出缤纷的生物世界,而且,它对于整个世界以及人类现象也很重要。如他提出:"在我看来,只有对生存斗争有深刻认识,一个人才能对整个自然界的各种现象……不致感到迷惘或误解。"①

仅仅依据现代生物学方面的证据(没有或很少引用古生物方面的资料),达尔文便把他的理论应用于整个生物界,有片面性。

进化论可概括为:变异—生存斗争—自然选择—物种起源学说,进而可简化为"优胜劣汰"学说。

进化论具有浓厚的排他性(劣汰),它的形成与西方古代文化有密切联系。如《圣经》中提及的马太效应(Matthew Effect),即有钱的人还要给他更多的钱,使之更富有;穷人要剥夺他已有的不多的钱,使之更贫穷。

后来的学者把它扩展到社会、经济、军事、自然等各方面,在当代得到很广泛的应用。例如:西方发达国家的经济迅速发展被归因于市场经济。市场经济的基本理论基础之一是"优胜劣汰",这在近30年的中国报刊文章经常可见。艾伦•格林斯潘(1926年~)认为:数十年来,资本主义获得伟大成功的源头是竞争。②

当前,在社会上推崇明星、冠军、第一名、精英等,使他们成为"优"等公民,享受各种好处。在管理上推行"末位淘汰制",更是赤裸裸地实行"优胜劣汰"。

### (三)保护生物多样性与优胜劣汰

进化论核心观念是"优胜劣汰",把低劣者被淘汰这一现象看做理所当然的事情,从而不承认有必要保护生物多样性。但是,近几十年来,重视保护生物多样性已形成国际共识,这在理论上显然与"优胜劣

---

① [英]达尔文:《物种起源》,舒德干等译,北京大学出版社,2005年,第45页。
② 《参考消息》,2009年3月30日第4版。

汰"观念有很大的区别。

**1. 保护生物多样性**

生物多样性是指地球上所有生命形式的总和，它包括了数以百万计的动物、植物种类，它们所拥有的基因，以及它们与生存环境所组成的复杂生态系统。据统计，现在已经被描述的动植物大约有180万种，估计应有物种至少有500万到1000万种。一种生物的形成常常需要经过几十万年或更长时间，需要在某些特殊（适合）生态条件下才能演化和发展。

生物是人类社会赖以生存和发展的重要物质基础。人们日常生活必需的粮食、肉、鱼、棉花等都是生物产品。一种生物在当前用途可能不大，但是，很难肯定它在今后几十年、几百年中，有没有可能对人类作出重要贡献。

一个分子，一个细胞，一个有机体，一种生态，一只昆虫或者一个动物群体，或者人类社会——从来都不是一个由相同部分组成的不变的聚合体；它常常是由不同部分构成的有序的组合，一个经过整合加以平衡的多样化的产物。没有多样性，各个部分便不能形成能够生长、发展、繁殖和创造的实体。没有整合，各种不同的成分便不能结合成为一个单一的能动的结构。[1]

保护生物多样性的概念是承认各种各样的生物都有它们自己的优点和缺点，都有存在的价值。随着生态和环境的变化，一些生物的缺点可能变成优点，而另一些生物的优点可能变为缺点。这种变化在环境发生灾变时表现得特别明显和重要，而生物多样性有助于生物界能有较多机会渡过危机和难关。一种生物一旦绝灭，那就无可挽回地消失了。

从整体上看，生物多样性是生物圈得以持续发展的必要条件之一，必须加以保护，而不能放任或促使一些生物淘汰而无动于衷。生物多样性是全人类的共同财富。全球的生态环境平衡亦取决于生态系统多样性

---

[1] ［美］欧文·拉兹洛：《多种文化的星球》，北京：社会科学文献出版社，2001年，第1页。

和实生物 同则不继

的协调。

生物界多种生物之间协调、共同演化，形成生物多样性，应是生物界最基本的事实。达尔文提出的"优胜劣汰"说仅是生物调节多样性的一种方式，不是主要的方式。一些人把它夸大为生物界演化发展的主要规律是不妥的。

多样性概念由生物学延伸到许多领域，如民族多样性、国家多样性、科学多样性等。

**2. 保护生物多样性和"优胜劣汰"概念在基本点上是有差别的**

从保护生物多样性的概念出发，对于各类快要灭绝的动物、植物，不论其优劣，都要加以保护。目前，国内外设立了许多自然保护区，使野生动植物有栖居养息之地，防止不要由于人类活动严重破坏了大自然，而使它们有灭绝的危险。对于一些快要灭绝的珍稀动物，也要尽一切办法进行抢救，帮助它们渡过危机和难关。

生物多样性应是基本客观存在。虽然生物不是越少越好，也不是越多越好，各种生物内部和生物之间需要按一定生态环境组成生态链，才能使生物界协调地、持续地发展，而不会造成崩溃和消亡。

洪德元认为：生物系统与进化研究100多年来的7项重要成就中有一项是"揭示了居群（种群）的多态性和物种的多型性"[1]。他举例指出：假设人的平均杂合性为6.7%，人若有3万个结构基因的话，就有约2010个结构基因是杂合的。按理论上计算，则一个人可以产生10605个不同配子。另一项成就是揭示了植物界的多倍体和进化特点。植物界常见的物种形成途径之一是杂交和染色体多倍化。植物的物种间，甚至属种间的杂交是经常发生的。许多物种实际上包含有成百甚至成千个不同的遗传类型。天然群体高水平遗传多样性的存在是群体稳定的基础，而物种的受威胁和绝灭是以其遗传多样性的消失为前提的。杂交导致植物的多倍

---

[1] 洪德元：《生物系统与进化研究的现状和未来的设想》，《未来十年的生物学》，上海：上海科学技术出版社，1991年，第75页。

## 第四章 "和实生物"与"优胜劣汰"发展观的比较

化。当前主食之一的小麦的起源就是属间杂交的结果。杂交使粮食产量得到大幅度的提高。

在越来越复杂多变的环境条件下,只有日益增加的生物多样性才能适应各种缓慢和剧烈的变化,随时调整其相互关系,即便是在遭到严重打击时,也有较大可能进行重组、恢复和发展。

自从达尔文进化论被广泛接受后,人们普遍认为:各种生物在人类长时间的选择、培育下都在朝着好的方向发展,即符合人类要求的优点在不断地积累和加强,但是实际情况则不然。

在研究了近1000年中国农、牧业的发展情况后,林椿认为,各种作物在人工栽培下"品种退化,产量变低"是近代农业生产中普遍存在和不断发生着的一种现象。1000年后各种古老作物的历史亩产是今不如昔的。人工栽培的大量新品种投放到农业生产中,都只能是昙花一现地得而复失;而自然生成的物种,总是那样的稳定,而且生命力旺盛。家养动物(如猪、狗等)的生命力在衰退,普遍存在着品种退化现象,如抗病能力、抗逆性衰退,而野生动物一般都体质健壮,生命力旺盛,耐粗食,抗病力强。越是人类精心养护的家养生物,生命力衰退的现象越严重。由此可见,人及其他生物等与大自然的协调发展(天人合一)是多么重要!

正是多样性的发展,造就了生物圈的千姿百态,维系了生物圈的持续发展,协调了全球生存环境的相对平衡。生物多样性是人类的财富;全球生态系统多样性的环境平衡也是人类的财富。它们共同构成了人类赖以生存和发展的重要物质基础。保护生物的多样性,遵循和维护生物圈的协同进化,既是自然演化的必然趋势,也是人类本身存亡兴衰的根本利益所在,所以也是人类本身的一项基本任务。

达尔文学说从个体变异入手,主要立足于当代生物和人工培植作物和家养动物的实际经验,很难准确揭示千变万化的现代生物演化的真实

---

① 林椿:《从农田历史亩产变化看未来农业技术革命的必由之路》,《农业考古》,1988年第1期,第27~36页。

和实生物 同则不继

过程,更不用说是几亿年古生物和人类社会发展过程。

## (四)对"优胜劣汰"的质疑

由于生物学、古生物学,特别是遗传学和基因工程的飞跃发展,达尔文主义进化论受到了越来越多的挑战。

20世纪许多事例表明:优胜劣汰理论不能解释许多客观事物,遭到一些学者批评和质疑。例如:100多年来古生物研究的大量新发现表明,在地质历史中,所谓"优等"生物遭到了绝灭,被视为"劣等"的生物则能生存数千万年,甚至几亿年。分子生物学进展表明:在基因水平,基因没有优与劣的分别。

在自然界,老虎是兽中之王,它的食物是多样的,今天吃的是狼,明天可能是兔子,一般情况下不论吃什么,它身体的一些基本特征(如毛的颜色,哪一根是白的,哪一根是黑的)不会改变。这是由于老虎的体内有各种微生物进行着人们尚不了解的生理反应,把不同性质的食物转化为它所需要的养料,生长成固有的特征。在这里,老虎与体内微生物组成一个良好的互助、协作、共存关系,而不是老虎与微生物哪一个优胜哪一个劣汰的问题。

蚂蚁是一种个体微小的昆虫。一般觉得,蚂蚁似乎结构简单,卑微低劣,微不足道。但是,它在地球上分布却十分广泛,在热带、温带、寒带都有存在。在地质历史上,很多看起来比它"优越"的动物都绝灭了,而蚂蚁却至今仍繁衍不息。当前全世界的老虎濒临灭绝的危险,而蚂蚁却没有这样的危险。难道蚂蚁比老虎优越吗?"优胜劣汰"理论显然难以回答这一问题。

生物学中,有人提出了"中性论",认为居群内极大的多态性难于用达尔文的选择理论来解释,而基因突变在选择上是中性的,谈不上利弊和适应价值。

## 第四章 "和实生物"与"优胜劣汰"发展观的比较

自然界对"优胜劣汰"论者开了一个大玩笑：越是"优等"的、胜而为王的、处于食物链顶端的动物，其繁殖率越低，种群个体数越少，一些濒临淘汰灭绝的种属，竟然就是它们。而许多处于食物链底层的、"劣等"的、简单的生物种属，包括一些动物、植物和细菌，却比人类早出现几百万年、几千万年，甚至几亿年，至今仍昌盛不衰。袁隆平（1930年～）利用杂交水稻为人类大幅度增产了粮食，这一成就与物种选择、优胜劣汰关系不大，其效果显著要大于那种周期长、成效低的物种选择、优胜劣汰的育种方法。

大熊猫、华南虎等许多生物种属濒临灭绝，按照"优胜劣汰"的观点，它们的灭绝是自然选择的结果，是符合自然规律的表现。但是，为什么人类现在要花很大力气保护和拯救濒临灭绝的生物种属？

自然界存在的众多的鸟、兽、鱼、虫、花、草、竹、树，看来不大可能主要由"优胜劣汰"解释，而是"和实生物"（生物多样性）在其中扮演着重要角色。

在150年中，达尔文学说被不断改进，出现了新达尔文主义、现代达尔文主义（或称现代综合进化论），后者也只能局限于从还原论、渐变论角度来解释局部现象。现在把它们当做自然、社会、生物演化的基本理论是不合适的，是名不符实、言过其实的。

### 1. 6亿年以来的古生物属的多样性和中国人口的变化

从2700百多年前以来中国人口数据的变化（图4-1）可看出：尽管在历史发生了许多次天灾人祸，但人口发展总的趋势是在增加的。俄罗斯学者认为[①]：这一趋势性变化与5亿年来海相后生动物的属数量变化曲线相似（图4-2）。这至少表明，生物属种（或人口数量）是在不断增加的，生物的差异性是在不断增加的。

以往对人口研究的类似成果是以指数模型和对数模型表述，得出结

---

[①] Markov A V, Korotayev A V, *Phanerozoic marine biodiversity follows a hyperbolic trend*, *Palaeoworld*, Vol.16, 2007, pp.311~318.

和实生物 同则不继

论是：古生物多样性要受到所要求的生态空间的容量限制，同时生存的生物分类单元之间，除了为生存空间竞争之外，没有相互作用。但是，这些模型与实际资料的符合并不好。

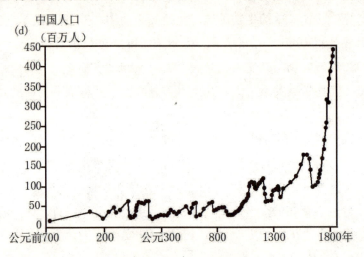

图4-1 中国人口在历史上的变化
（据Markov et al.，2007年）

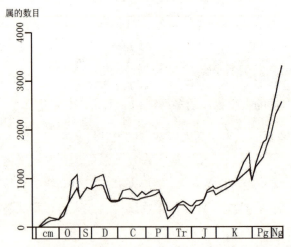

图4-2 地质历史中古生物属的数目。细线是Sepkoski的数据，
粗线是Alroy等的新数据。（据Alroy et al.，2008[①]）

---

① Alroy J et al., *Phanerozoic trends in the global diversity of marine invertebrates*, *Science*, Vol.321, 2008, pp.97~100.

## 第四章 "和实生物"与"优胜劣汰"发展观的比较

Markov等（2007年）提出一个新假说：古生物的科（属）的数量是符合双曲线的变化模式（二次正反馈）的，这就有利于生物圈的发展。又如世界人口增长是符合在人口数量和技术及文化进步之间的二次正反馈模式（人口增多—潜在发明者增加—技术发展加快—地球负担能力增加—人口增长加快—人口增多—潜在发明者增加……）这一良性循环。对中国历史人口的研究也发现有类似的情况。

这一事实不能用"优胜劣汰"的假说来解释，而有利于"和实生物"的说法。种类增多，"和实生物"的机会也增多，自然会使多样性增加，形成良性的反馈。

**2. 古生物的大灭绝、大辐射研究成果**

在地质历史中曾经发生过多次生物大灭绝。例如，在二叠纪与三叠纪之交（距今大约2.5亿年）、白垩纪与古近纪之交（距今大约6500万年）的生物大灭绝已为多数学者所公认。在6500万年前，在中生代称霸上亿年的恐龙灭绝了，而其他爬行动物，比如海龟、鳄、蜥蜴和蛇则生存下来。少数生存下来的白垩纪鸟类在第三纪最初2000万年也发生了爆炸性进化辐射。早在白垩纪末期的大灭绝之前，哺乳动物已经存在了1亿多年，那时哺乳动物个头很小，但它们在第三纪早期发生爆炸式的辐射发展。可见中生代的"优等"动物在新生代初被"淘汰"了，而被认为是"劣等"的动物在新生代初及以后反而得到大发展。

中国澄江动物群的发现对"优胜劣汰"假设提出了质疑。在云南澄江的地质年龄为距今5.3亿年的页岩中，发掘出数以万计的动物化石，它们包括了海绵、水母、腔肠、节肢、腕足等30多个门类130种动物。这些化石骨骼保存完好，而且连表皮、纤毛、附肢、消化道、神经、脑等软组织，以及连残存在胃肠中的剩食都清晰可辨。这样，在地质时代的那一"瞬间"，出现了90%以上的动物门一级的生物。

这一事实用进化论的"逐渐演化"、"自然选择（优胜劣汰）"的假说是无法解释的：为什么这么多门类的生物会出现和保存在基本上同

和实生物 同则不继

一期间和类似的环境中？<sup>①</sup>从"和实生物"却可以合理解释这一新事实。正因为这么复杂的生物组合，促使它们能生存在5.3亿年前那样的环境，从而具有了进一步形成多种多样门类的生物组分的基本条件。

**3. 一些学者对进化论提出了质疑。**

美国自然博物馆埃尔德里奇（Niles Eldridge）和哈佛大学的古尔德（Steve J.Gould，1941～2002年）在20世纪70年代的论文中就对达尔文的进化论提出质疑，并提出"间断平衡论"。曼弗雷德·艾根（Manfred Eigen，1927年～）在《超循环论》一书中指出："如果像达尔文进化论那样片面强调大分子之间的竞争，那么生物信息的增长是极其有限的，不可能实现从非生命到生命的转化。只有形成了协同整合的超循环组织，才可能有分子自组织的进一步进化，在分子自组织体系的进化过程中才能积累起生命起源时必需的巨大信息量。"瑞士华裔学者许靖华（1929年～）提出"达尔文主义是科学吗"[②]的问题，并认为："达尔文的谬误鼓励了资本主义的所谓自由主义。"欧文·拉兹洛（Elwin Laszlo，1932年～）认为：经典的达尔文主义关于进化的速度和模式的解释正在被抛弃[③]。

近来已有学者强调：从人类社会、社会化的昆虫、多细胞有机物、细胞到基因组都是以合作为基础的，要建立新层次的组织性，需要有合作（cooperation）。合作意味着放弃自己的某些繁殖潜能去帮助其它，这与自然选择（意味竞争，反对合作）是不同的。[④]

章太炎（1869～1936年）根据《易经》和"唯识论"提出"俱分进化"，指出"进化"并不仅仅是进步，"善也进化，恶也进化"。欧洲

---

① 孙毅霖：《寒武纪生命大爆发现象的困惑与思考》，《自然辩证法通讯》，2008年，第30卷，第1期，第101～106页。
② 许靖华：《祸从天降——恐龙绝灭之谜》，西安：西北大学出版社，1989年，第1页。
③ [美] 欧文·拉兹洛：《多种文化的星球》，北京：社会科学文献出版社，2001年。
④ M.Nowak, *Fire rules for the evolution of cooperation*, Science, Vol.314, 2006, pp.1560～1563.

## 第四章 "和实生物"与"优胜劣汰"发展观的比较

直到第一次世界大战后,才普遍意识到这一点。进化也不能单纯地、机械地理解为线性进步,即世界一步步由低级到高级,由落后到进步,也应估计到"进步"的结果可能造成大危机。

张立文在汰劣与择优问题上主张:"不简单地划分彼此优劣,因为价值尺度具有历史性、现实性与相对性。"①

### (五)两种发展观的比较

"和实生物"的发展观通过共处、配合、互补,达到长治久安;"优胜劣汰"的发展观是通过"淘汰"方式,如强调竞争、分配拉开差距,达到少数优胜。

"和实生物"强调多样性统一,不去刻意区别哪个优,哪个劣,而是立足于不同事物各有优劣,重在和谐,发挥各自长处,以他人长处来补充自身的不足;而"优胜劣汰"则强调一些事物的优势,加以培养、鼓吹、发展,而对所谓"劣势"事物则采取轻视、忽视的态度,进而"封杀",以促使其淘汰。

由"和实生物"观念出发,中国古代先哲们发现的是一个有序共生、共荣、开放、稳定、动态平衡的自然,对自然及万物采取平等、自我节制的态度(表述为仁、义、礼、节等)。反顾在进化论观念主宰下,近100年来,西方强权国家忽儿兴起,忽儿没落,动乱不止。少数自以为"优秀"的民族以人类主宰自居,极尽各种手段侵犯、欺凌弱势国家和民族,包括发动战争,结果是搬起石头打自己脚,害人害己。"优胜劣汰"产生了十分显著的负面影响,造成全球和地区性贫富差距日益增大,战争不断,世界日益不安宁,使环境、资源遭到前所未有的破坏,在经济上蕴藏着深刻的潜在危机。

---

① 张立文:《和合学概论——21世纪文化战略的构想》,北京:首都师范大学出版社,1996年,第78页。

和实生物　同则不继

　　进化论的发展观实行的结果是许多弱小民族被欺凌。例如，玻利维亚总统莫拉莱斯（Evo Morales，1959年～）说："占玻利维亚人口多数的印第安人，一直受到排斥，在政治上受压迫，在文化上被视为异端。从前印第安人在这里是被当做牲口对待的。上世纪30年代和40年代，他们进城时，人们向他们喷洒滴滴涕来杀死他们皮肤和头发上的虫子和跳蚤。我的母亲一次也没有获准进入故乡奥鲁罗地区的首府。"①

　　国际抗癌联盟在2002年无可奈何地宣布：在过去的几十年间，"人们输掉了这场（依赖生物医学手段抗击癌症的）战争"！人们还不知道真正的"出路"何在。这就是一味强调对抗性治病（杀菌）的生物医学的悖论和困境所在。

　　前一阶段，一些经济学者片面鼓吹强者哲学、强势集团，为它们的利益服务，而损害大多数人利益。这种以强凌弱、弱肉强食的发展观念是信奉进化论的具体表现。

　　在文化层次，也类似地存在两种不同的观念：一为"文化进化论"；另一为文化相对主义。②以下对此作一简介。

　　何萍（1953年～）认为：文化进化论的代表人物是E.泰勒。泰勒力图建立一个统一的文化标准，以此衡量不同民族文化的高大。他所说的统一的文化标准，就是知识和生产。这个观点成为"西方中心论"的理论根据。丁立群（1958年～）也认为：发达国家所持的文化进化论（坚持文化的可比性和时代性）和第三世界所持的相对论（文化的相对主义）反映了同质化与异质化的两种趋势。西方发达国家力图以自己的文化模式和价值观念化，同化第三世界的民族文化，这是一种同质化倾向；第三世界各民族文化强调自身的个性，以其个性与强势文化普遍化相抗衡，具有一种异质化倾向。

---

① ［德］《明镜》周刊：《莫拉莱斯谈拉丁美洲的社会主义》，《社会科学报》，2006年12月28日，第7版。
②　2007年由中国社会科学院哲学研究所等在北京举办了"文化与相对主义——全国文化哲学高等论坛"，《社会科学报》2007年11月8日在第1、4、5版做了报道。

## 第四章 "和实生物"与"优胜劣汰"发展观的比较

文化进化论坚持文化的有序性及可比性,否定文化的差异性、多样性和民族性。在普世文化看来,西方文化是不同文化之间进行比较的元评价标准,发展结果是:最后将形成一种新的超文化形态——世界文化。而文化相对主义认为,每一种文化都有自己长期形成的历史,有着与环境相匹配的独特的价值,因而,不同文化形态在价值上是平等的、多元的、相对的,从而是不可比较的,它们之间不存在先进和落后,高级和低级之分。

文化相对主义的核心是尊重差异,要求相互尊重。有不少学者支持文化相对主义的观点,提出文化相对主义是一种解毒剂,希冀解除西方文化中心主义(进化论)的"毒瘤",但是,这些学者由于没有找到合适的理论基础,在论述中同时又提出不少质疑。例如:"文化相对主义学派,由于过分强调各个文化的差异性,而否定了人类文化发展的一般规律";20世纪90年代以来的"西方不亮东方亮"、"三十年河西三十年河东"等观念,"其实质是对世界文明走势的错误估计";"文化相对论对待特殊性的过分强调,对发展中国家的现代化也起到一定阻碍作用,具有文化保守主义性质";等等。

在强调"尊重差异"这一点,文化相对主义与"和实生物"的立论基础是一致的,但是文化相对主义的不足之处在于没有重视"差异"与"生"物的联系。

### (六)两种发展观的关系:融合、拼合或互补

在承认中、西两种文化是不同思想体系的客观事实以后,首先面临的问题是如何处理两者的关系。综合以往的议论,大体可归纳为两类:(1)按照"优胜劣汰"的观念,两者也存在临时性的统一,但主要是一方否定另一方(一方吃掉另一方);(2)按照"和实生物"观念,两者主要是差异、互补和共处的关系。

## 和实生物 同则不继

辜正坤（1952年～）认为：在讨论对待文化思想体系时，有一个"融合"（或融会等）名词，而这常为多数人所采纳和承认。他批评了机械的融合论，提出中西文化多元拼合理论。[①]摘要介绍如下。

### 1. 融合论简介

关于中西文化关系的观点，大致分为三派，本土派（或保守派、守成派）、融合派和西化派。过去对本土派、西化派观点介绍较多，把融和派单列出来讨论的少。辜正坤把徐光启（1562～1633年）、康有为（1858～1927年）、梁启超（1877～1929年）、钱穆等列为融合派。如梁启超在《欧游心影录》讲："中国传统文化精神，西方物质"，意思指两者可以融合；钱穆在《中国文化史导论》中说，若不解决"吸收融合西方文化而使中国传统文化更光大与更充实"这一问题，那么"中国国家民族虽得存在，而中国传统文化则仍将失其存在"。融合派的基调主要是以中国文化为本位吸收西方文化，融合为一体。

一些学者至今还在强调融合的重要意义。他们把中国学术思想史的主要倾向归纳为相争与相融，认为诸子百家"由对立走向融合"，"合异为同"是大势所趋。

西化派和守成派都受到反对、抵制，但是至今就是没有人质疑"融合"这种说法。融合论源远流长，影响深远，误导很大而鲜有人察觉。

### 2. 多元拼合理论

辜正坤提出"多元拼合理论"，认为中西文化的出路是寻求拼合而不是融合。其依据是，百年来实行融合的结果是：强势文化（西方文化）通过"融合"而吞并了弱势文化（传统文化），从而丧失了文化多样性。文化融合的结果是变差而不是变佳。

---

① 辜正坤：《中西方化价值定位与全球文化建构方略》，见《世界文化的东亚视角——中国哈佛—燕京学者2003北京年会暨国际学术研讨会论文集》，北京：北京大学出版社，2004年，第51～77页。

## 第四章 "和实生物"与"优胜劣汰"发展观的比较

辜正坤列举艺术(国画与油画)、饮食(中餐与西餐)、政治(科举制与考试制)、宗教、文字(汉字与拼音文字)、文学(主情与主理)、戏剧、伦理、医学(中医与西医)、经济、建筑等许多实例,用以说明所谓"融合"的结果,主要是失掉传统文化中的东西,而不是思想(整体)的升华、文化的进步,总体上得不偿失。他特别提到:融合造成了西医吃掉中医的局面,对中医的打击非常大。

百年来实践结果表明:在很多领域,融合可以用,但是拼合可能用得更多,效果更好。拼合的优点:(1)融合的结果可能是一方吃掉另一方,会使双方的优点都消灭,而拼合则体现了多样性,保持双方的优点。(2)拼合意味着设立了各自的参照系统,可互相比较与借鉴,可互动与互补,有较大的回旋余地。(3)拼合可以持久,而融合的结果常常是"短命"的和容易退化的。

辜正坤用六句话归纳中西文化发展的出路是:合而不融,应时选择,循环取用,阴阳互泽,二元标准,此生彼克。

报载混搭韩国菜风靡洛杉矶,可作为拼合的一个事例。勇于创新的"第二代"韩国移民在传统的料理上大做文章,混搭菜用肥瘦相宜的五花肉、用料酒腌制过的鸡肉、辣味十足的玉米片、涂过萨尔萨辣酱的小排骨,再加上炸过的泡菜血肠,然后都包在韧劲十足的墨西哥玉米饼里。一位美国男士说:韩国料理配上拉丁风情,美味得让人如痴如狂。经过"改变"的韩国料理加入了更多的异国风情,增添了更多的魅力。[①]

从"和实生物"角度来看,"融合论"的提法不大妥当,实际上它偏向于"对立的统一"的一方吃掉一方,仅仅是在名词上不那么露骨而已。多元拼合理论优于融合论。

由此可见,中西两种体系可以拼合,互相借鉴,取长补短,但主要不是融合,更不能是对立(非此即彼)。在正常情况下,更重要的是互补。互补的前提是拼合。因此,互补是拼合向有利方向发展的结果。

---

① 张凌波:《韩国料理掀起"改良运动"》,《环球时报》,2009年3月27日B2版。

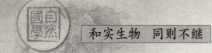

### 和实生物　同则不继

　　5000年文明可带给我们许多灵感和智慧,我们不要受"优胜劣汰"观念的影响,看不起"老祖宗",而是要"和实生物",伸开双臂,拥抱古今,宽容万物,才能使中华民族在21世纪真正地复兴。

# 第五章
## "和实生物，同则不继"在当代的现实意义

## 第五章 "和实生物，同则不继"在当代的现实意义

在"和实生物，同则不继"观念的指导下，中国人在古代能将支离破碎的地方势力与中央权力"和合"起来，将不同地域、信仰、习俗的民族"统一"起来。在现代，"和实生物，同则不继"观念显然可体现和应用于科学与社会许多方面。限于篇幅，以下仅举几例。

### （一）在自然科学中的应用

从宏观上看，20世纪结束时，科学技术中许多新学科、新技术、新材料大多是通过多学科、多技术、多材料交叉与渗透而产生的，促成科学技术的许多新发现。从自然科学、环境等角度可以看到许多"和实生物"的例子。

#### 1. 几十亿年以来地球环境和生物发展的事实

自然界的千变万化，多姿多态；生物多种多样，形成生态链，互相补充，和谐相处，使大自然生存了几十亿年，至今方兴未艾。

纵观地球几十亿年的发展历史，是一个由简单走向复杂的过程。它由开始时的岩石圈、大气圈两个圈层，逐渐形成了目前的岩石圈、大气圈、水圈、生物圈等多个圈层，它们彼此之间组成一个地球网络，具有自组织功能，彼此协调地发展，使地球变得越来越生机勃勃。

纵观生物十几亿年的发展历史，是一个由少数门类种属发展到目前几百万个种属的过程。它们之间组成了食物链，成为一个复杂的生态网络。一旦这种生态循环中的某一个环节被破坏，就会引起整个生态网络的震荡，甚至崩溃。现有的生物圈是由众多的生物和非生物因素组成的十分复杂的网络，在一定范围内依靠生物多样性，从而具有较强的抗冲

## 和实生物 同则不继

击性、抗波动性。现有的生态良性循环是在长时间多样性不断增加的情况下形成和发展的。

纵观从猿到人的几百万年的演化历史,可以看出,人类是在与天、地、生各种事物的协调、互补中发展起来的,成为大自然多样性的一个重要组成部分。中国许多古人类化石的发现地址都位于地形与气候变化复杂,灾害(地震、洪水等)频繁发生的地区。这些恶劣的环境,以及人类的主观能动性,善于与大自然相处(天人合一),使人从禽兽中脱颖而出,促使人类自身不断发展。

纵观人类社会的几万年发展历史,由原始部落发展到现代,是一个由简单到复杂、由少数到多样的发展过程。其间虽然有天灾人祸(瘟疫、洪水、地震、战争等),但大部分时间是没有战争的,在基本安定的时期,社会发展就会快一些。世界是一个"社会—经济—自然"的复合生态网络。

这些都可以用史伯的"和实生物"观念来描述和解释。

前已提及,1984年在云南澄江帽子山发现的澄江动物群具有重大的科学意义,在寒武纪早期地层中有如此众多化石门类的突然出现完全出乎人们意料。这是人类在20世纪的重大科学发现,完全可与19世纪一些重大科学发现相媲美。这一重大发现,动摇了"优胜劣汰"的基础,依据它来挑战进化论是完全够条件的。这也是澄江动物群的研究被评为2003年中国国家自然科学奖一等奖的主要原因之一。

主要的事实应是:当有新的种属出现时,与原有种属组成新的生态链,即优劣并存,不是"优胜劣汰",留存至今的大部分种属是"长命"的生物,而不是"复杂"、"先进"或"优秀"的生物。这样一来,才使生物圈得以持续发展。

古生物研究表明,在几亿年生物演变进程中,尽管有正常灭绝和灾变性灭绝,它们发展的总趋势之一是:由低等向高等发展,由简单向复杂发展。但从生物界整体来看,更为重要的是:低等与高等同在,简单与复杂并存。各种生物之间在基本层面上无所谓优胜劣汰,而主图景是

## 第五章 "和实生物,同则不继"在当代的现实意义

多彩纷呈,和谐共处,呈现出千姿百态的多样性图像。

生物中由无性生殖演变到有性生殖方式,区别雌性与雄性。一个生物个体与其他个体建立起性的关系,由于多样性增加,所形成的后代在整体上要好于前一代。这是"和实生物"一个事例。

一些生物种属的演化是与另一些生物种属的演化相关联的,并且是相互受益的,既表现为不同物种、不同个体之间的相互直接受益,也表现为不同种群、不同个体之间的相互制约。

**2. 农作物**

水稻专家袁隆平院士在海南岛发现了一种快要绝灭的野生水稻品种,通过杂交,产生了新品种,从而使中国水稻产量大幅度增加。在这一具有特别重要意义的科研成果中,快要绝灭的野生水稻品种起了相当重要的作用。杂交是利用多样性的一种方式。杂交导致植物的多倍化,并造成植物的网络演化。杂交水稻就是利用不同远缘品种的水稻的多质性使它产生新的品质,达到高产的目的。杂交使染色体多倍化是物种形成途径中常见的一种,而杂交优势不是来自物种自然选择,也不是优胜劣汰的结果,而是多样性协同演化的一种表现。这种天然群体高水平遗传多样性的存在构成了群体稳定和发展的基础。

云南农业大学的教授把一行糯稻和四行粳稻套种,结果有效地抑制了病毒对作物的危害,增产达80%;在国外,类似的套作方法用于小麦种植,亦取得增产。林业专家一般认为:在植树造林中,如果大面积栽植单一树种,存在巨大的隐患,将造成一种脆弱的生态系统,由于某种病虫害或灾害而全军覆没的可能性增加。

现代科学表明,同一品种农作物大面积栽培增加了遗传的脆弱性,加强了病虫灾害。世界性的新农业革命正在呼唤新农业理论。中国古代农业通过轮种、复种、间种、套种、梯田、架田、沙田、桑基鱼塘等,使有限农田养活了众多人口。这是在农业上"和实生物"思想的应用。

上述事例表明,利用生物的多样性可增加作物的产量和质量,证实

和实生物 同则不继

了"和实生物"的理论观念的正确性。

### 3. 化学中的化合物

客观世界由不同元素组成,元素组成各种化合物。由两个或多个元素组成的化合物中,各个元素仍然保持原来基本性质,组成化合物的元素的原子核性质没有变化,外围的电子(或电子云)与另一元素的电子相互聚合,使此化合物的性质与原来的元素的性质可以完全不同。

常见的分子中氢分子是最简单的,它包含两个氢核和两个电子。氢是元素周期表中第一个元素,分子态氢在地球上的丰度虽小,但其化合物却极其广泛地存在。大部分元素都可与氢组成含氢化合物,最重要的是水,其次是烃类、碳水化合物和各种有机物等。

当两个含有自旋方向相反的电子的氢原子互相靠近时,电子不再固定在原来的1s轨道上,也可以出现在另一个氢原子的1s轨道中。这样,相互配对的电子就为两个原子轨道所共用。同时两个原子轨道相互重叠,两核间的电子云密度相对地增大,体系的能量相对地下降。电子对的形成增加了对两核的吸引作用。相反,含有自旋方向相同的氢原子靠近时,在自旋平行的电子之间产生了一种推斥作用,因而不能形成共价键。只有当两个氢原子的自旋方向不同的时候,它们才能结合成氢分子。

这一认识推广到其它分子中形成价键理论。含氢化合物的性质不同,依赖于与氢化合的元素等的性质,如$CH_4$(甲烷)是中性的,化学性质不活泼,氨($NH_3$)是碱性的;水($H_2O$)能起碱或极弱酸的作用。

化学键的另一种情况是离子键。当电负性很小的原子和电负性很大的原子靠近时,前者易失去电子形成正离子,后者获得电子形成负离子,正、负离子之间进一步由于静电引力而相互靠近;但当充分靠近时,离子的电子云之间又相互排斥,到达平衡距离时,体系的能量最低。离子键是由正离子和负离子之间静电引力所形成的化学键,由离子键形成的分子叫做离子型分子。

由上可见,化学键的存在是以电性(或电子的自旋方向)差异存在为前提的,在出现互补(或配合)的条件下结合在一起,形成分子或化合物。①这与"和实生物,同则不继"的观念是很一致的。这些都是"和实生物"的很好证明。

这一类"质变"从本质上看,其组成成分的基本性质没有变化,仅有部分变化,与其它的成分结合(互补、配合、拼合)而产生完全"新"的功能或表象。这里无法用"优胜劣汰"来解释,可用"和实生物"来阐明。

张立文也认为,纤维、树脂和橡胶的合成反应,属同质元素或分子聚合生成新事物的类型。②类似的例子(如合金、杂交水稻、岩石等)很多。当前人们所谓的"质变"很大部分属于"和实生物"范畴。

## (二)发展大成智慧学③

中国杰出的人民科学家钱学森(1911~2009年)认为:要想真正把握事物,特别是复杂事物的整体关系,得到一个正确的、本质的认识,不但须运用唯物辩证法和现代科学技术体系的知识,而且还要运用许多尚不成其为科学的点滴感受和经验,这样才能科学地研究和反映客观事物的全貌。他把这一观念、方法等称为大成智慧学。必集大成,才能得智慧。

---

① 浙江大学普通化学教研组:《普通化学》(1981年修订本),北京:高等教育出版社,1981年,第219~222、347页。
② 张立文:《和合学概论——21世纪文化战略的构想》,北京:首都师范大学出版社,1996年,第73页。
③ 徐道一:《周易·科学·21世纪中国——易道通乾坤,和德济中外》,太原:山西科学技术出版社,2008年,第446~449页。

和实生物 同则不继

### 1. 大成智慧学的主要内涵

钱学森继承了中国古代思想,特别是《周易》的整体观及《黄帝内经》的整体辨证施治方法等,并在总结社会主义建设的经验教训,吸取现代科技成果基础上,强调要从整体上考虑并解决问题。大成智慧学教我们总揽大局,洞察关系,可以促使我们突破障碍,从而做到大跨度地触类旁通,进行创新。

大成智慧学的特色在于:强调以马克思主义的辩证唯物论为指导,利用现代信息技术和网络、人—机结合以人为主的方式,迅速有效地集古今中外有关经验、信息、知识、智慧之大成,总体设计,群策群力,科学而创造性地去解决各种复杂性问题。

"集"的主要对象是现代科技知识,还有体系外围的前科学知识库,这些是形成大成智慧的科学基础和知识源泉。要特别尊重和提炼前科学知识库里的精神财富。在现代科技体系的外围,有大量一时还不能纳入体系中的古今人们有关世界的探索、认知,初步的哲学思考,以及点滴的实践经验,不成文的实际感受、直觉、顿悟、灵感、潜意识,能工巧匠的手艺,"只可意会,不可言传"的东西,甚至梦境等等,这些都是前科学知识库里的瑰宝。

这些瑰宝流动、变化很快,有的只是一闪念,归根结底也是实践的产物,通过人们主动地、有目的地在实践中反复比较、鉴别、分析、综合,可以逐渐将其中有价值的初步的感性认识提升到理性认识,纳入到现代科学技术体系中,使人的知识和智慧不断丰富与发展。

大成智慧学要求逻辑思维与非逻辑思维并举,它们往往交织在一起,互相促进。钱学森说:灵感思维是人们在生活中真有的,他自己就有过多次,解决了研究中遇到的难题。这都是在半梦半醒时发生的。他认为,这是因为在正常清醒情况下,头脑中框框太多,阻碍大跨度的思维,所以要在半梦半醒中突破障碍,见到事理。但有一点必须明确,即灵感思维也是以人头脑中沉淀的知识为基础的,如果没有人类的实践认识(自己的,他人告知的,书本上学得的),灵感思维也不能自天而降。①

1994年4月1日，钱学森曾对钱学敏（1933年~）说："大成智慧的核心就是要打通各业各学科的界限，大家都敞开思路互相促进，整个知识科学技术部门之间都是相互渗透、相互促进的，人的创造性成果往往出现在这些交叉点上，所有知识都在于此。所以，我们不能闭塞。"

**2. 大成智慧学教育**

钱学森对大成智慧教育的设想，是要求充分利用现代信息网络技术、人—机结合等多种教育方式，培养青年人具有大智、大德的思维结构和内涵，让青年人的思想奔放驰骋在一个广阔而科学的天地。有了这种思想文化基础，适应能力很强，进入任何一个专业工作都可以，改行也毫无困难，处处可以乘风破浪。他们既是全才，又是专家，是全与专辩证统一的人才；也将是全面发展有所创新的一代帅才、将才，新世纪的主人、"新的人类"。

1993年10月7日钱学森给钱学敏的信中说："大成智慧教育大致分以下几个阶段：(1)8年初级教育（4到12岁）是打基础阶段；(2)高中加大学的5年教育（12到17岁），完成大成智慧学的学习；(3)最后一年是'实习'，学成一个行业专家，写出毕业论文。这样的大成智慧硕士，可以入任何一项工作，如不在行，弄一个星期就可以成为行家。以后的工作需要，改行也毫无困难。当然，他可以再深造为博士，那主要是搞科学技术研究，开拓知识领域。这个大胆设想，您看如何？新一次的文艺复兴呵！"②

由上述可见，钱学森通过他对中、西方思想体系的深入研究，提出要发展大成智慧，也就是要把多种多样形式的智慧的长处结合起来，达到一个更高的层次，也就是"和实生物"的具体应用。

---

① 钱学敏：《钱学森关于现代科学技术体系的构想及其"大成智慧学"》，《中国社会科学院研究生院学报》，1994年第5期，第1~9页。
② 钱学敏：《集大成，得智慧——设计21世纪中国教育，钱学森提出"大成智慧学"设想》，《社会科学报》，2006年12月21日第6版。

## （三）中国自然科学应选择"和实生物"的发展道路[①]

1949年新中国成立以后，中国的自然科学有了突飞猛进的进展。进入21世纪，中国政府对基础和应用科学的研究经费投入稳定增长，已形成一个世界级的科学力量。中国科学的现状、今后发展方向等问题引发国内外学者的关注和思考。

自然科学与技术进步关系最为密切，"科学技术"一词中"科学"主要指自然科学，本节以下的"科学"主要也是指自然科学。

### 1. 中国科研亟须摆脱传统文化的羁绊吗?

国际学术界对中国科技应如何发展，显得越来越关注。2004年3月11日出版的 *Nature* 推出名为《中国：来自西方的观点》的中国特刊[②]，刊出了8篇文章。这些文章的作者都是长期在国外工作的华裔外籍学者。

《科技日报》在介绍这些文章时列出了其中一个论点是："中国科研亟须摆脱文化羁绊。"其主要依据是：墨守成规的等级森严的儒家传统给现代中国社会遗留了长远的阴影。[③]这里的"文化"是指"中国传统文化"。

回顾一下，这种把传统文化作为中国科技发展主要"包袱"的说法由来已久。从20世纪初以来，许多人一直把几千年中华传统文化作为阻碍中国科研发展的主要依据，这已成为中国多数科学工作者自觉不自觉的主流认识。上述美籍华人学者把当前中国科学落后的原因归罪于"老

---

① 徐道一：《中国自然科学应选择"和实生物"的发展道路》，《科学对社会的影响》，2004年第4期，第51~53页。
② Poo M-M, Chien K, Chen L et al. *China: Views from the West, Nature*, Vol. 428(No.6979):2004, pp.203~222.
③《什么制约了中国科研发展?》，科技日报，2004年4月13日，第7版。

## 第五章 "和实生物，同则不继"在当代的现实意义

祖宗"，只是老调重弹而已。

对中国学者来说，从"五四"以来，中国的教育、科学、社会都已西化到相当大的程度，从而对中国传统文化的了解很少；就算是在这一了解很少的部分中，主要还是有关传统文化的糟粕、负面的事物；也就是说，现在的中国知识分子对传统文化的了解存在相当大的片面性；但另一方面，他们对西方科学的正面部分了解得很多，而对它的负面部分却了解得很小，形成另一种片面性。

上述把中华传统文化当做是影响中国科学发展"包袱"的说法是"优胜劣汰"观念在科学上的反映。这种认识在高级知识分子中尤其占有相当高的比例，在国外长期工作的华裔学者更是如此。如果把他们提出的意见（"中国科研亟须摆脱传统文化羁绊"）作为中国科学发展的主要途径，那么其严重后果是不堪想象的。

例如：五四运动以来，学术界大多数人赞成汉字拼音化，理由是"走世界共同的文字拼音化道路"。"淘汰象形文字，拼音文字优越"的看法流行，一些国家并付之以行动，如越南、韩国等国。

时过百年来看，现在对汉字的认识已有很大变化。许多证据表明，在信息时代，象形的汉字表现出信息量大、占面积小、显示效率高等显著优点。由于汉字是象形文字，不与语言密切联系，从而有利于地方语言（方言）的存在和发展，也有利于各个地区的人们的生活和健康。

韩国、日本一些学者已开始提倡多用汉字，汉字这一与拼音文字不同的象形文字又焕发出新的生命力。因此，文字不能"一枝独秀"，多种多样文字（象形文字、拼音文字）的存在是社会客观发展的主要趋势，这也显示了"和实生物"的观念。

### 2. 中国科学迫切需要自主创新，而不是模仿

中国科学发展面临着重大的迫切问题。胡锦涛指出："当前发展存在一些亟待解决的重大问题中有，产业技术的一些关键领域存在较大的

## 和实生物　同则不继

对外技术依赖,这需要通过科技进步和创新来解决。"[1]要摆脱对外技术依赖,须在科学上有重要的、根本性创新。前科技部部长徐冠华(1941年~)也反复强调:中国科技要从模仿阶段进入创新阶段。

但是,中国科学要大步地自主创新,仅仅依靠加大科技经费投入,搞西方教育模式的人才工程,引进国外精英,甚至全盘西化、全民学英语等都是不行的。这些做法在开始时会有些成效,但在一段时间以后,效果会越来越小。

科学的自主创新,尤其是元创新(或原始创新),是一种科学观念的带根本性变革,是一种科学革命。如果在潜意识中一心要摆脱本身"文化束缚",仅仅刻意去彻头彻尾地模仿西方,这样,能达到"元创新"成果的可能性是十分有限的。百年来许多学者仅仅学习西方科技,全面否定自身文化,在相当大的程度上已阻碍了国内科学中元创新的发展。这是中国科学主流学者学习西方几十年、近百年,至今自主创新甚少的原因之一。如果再沿这条路走下去,那前途不容乐观。

一个人、一个学校、一个企业、一个国家如果没有自己的特色,只知道去学习、模仿、引进,是不会有太大的出息的,甚至会走上毁灭。"自己的特色"不是依靠少数人在"金字塔"中的冥思苦想可以得出来的。

如果换一个思路,中国知识分子一方面具有深厚的传统文化的背景,另一方面又学习西方科学技术,就比较容易脱颖而出,容易得出自主创新的科技成果。与本土文化的结合(就如希腊神话中的巨人安泰一样),从中华传统文化中获得伟大力量。

中华民族是一个勇于创新的民族。中国有13亿多人口,是自主创新的巨大潜在资源。一方面要虚心学习国外科技;另一方面更要树立自立、自信、自尊的观念,破除科学研究中的自卑心理。

目前中国不是没有自主创新,而是已有很多自主创新(甚至元创

---

[1]《胡锦涛在两院院士大会上的讲话》,《北京日报》,2004年6月3日,第1、2版。

## 第五章 "和实生物，同则不继"在当代的现实意义

新），只是没有被当前科学界主流人士承认而已。由于这些自主创新或多或少是与中国传统文化有关的，它们经常被扼杀、漠视、淡化，或边缘化。

最明显的事例是对中国地震预测、预报的认识的分歧和讨论。2008年5月12日四川汶川8.0级大地震后，国内许多学者在媒体上反复宣传："由于大地震的预测、预报是十分复杂的，国外发达国家也做不到，因此是……要几代、十几代人才能科学地预测。"他们意见的实际含义是：大地震是不能预测、预报的。

20世纪地震预测进展的特点是：已有地震科学的"真实性"不断地遭到质疑和反思。在周恩来（1898～1976年）、李四光（1889～1971年）、翁文波（1912～1994年）等人努力下，在中国已经建立了（与西方科学不同的）另一种地震预测思路和方法，它的实践结果是：一个接一个地震被成功地预测、预报，尽管预测命中率有时高一些，有时低一些。一些认为地震是可能预测的"小人物"，从中国地震灾害严重和频繁发生这一实际情况出发，深入地震现场，边预测，边研究，以"只要有百分之一的可能，也要尽百分之九十九努力"的精神，千方百计地寻找地震预测的途径。在许多人"不科学、粗糙、不严格"的嘲笑中，他们取得了一些地震成功预测、预报的成果。[①] 上述事实是"和实生物"观念在中国地震预测、预报中成功应用的结果。

### 3. "和实生物"的科学发展道路

中国科学究竟应如何发展？当前主流学者的主要答案（如前面提到的文献[②]中所建议的）是加大投资、模仿、派出去、请进来等。难道这是主要办法吗？回答应是否定的。

---

① 徐道一：《为什么说大地震是有可能预测的》，《科学对社会的影响》，2008年第2期：第43～48页。
② 即：Poo M-m, Chien K, Chen L et al, China: Views from the West, Nature, Vol.428(No.6979), pp.203～222。

## 和实生物 同则不继

上述这些措施是需要的，但不是根本性的。要根本改进中国科学的自主创新，必须要支持、发展元创新的观念，要有别于现在的西方科学的自然观和方法论，要走"和实生物"的具有中国特色的科学发展道路。

一些学者[①]论证了中国传统文化中有大量的自然科学内容，称之为"自然国学"。对中国人来说，自然国学是与西方科学有很大差异的观念，是用以自主创新的很好的素材和思想宝库。

近些年来，一些与传统文化有密切联系的当代科学的自主创新已开始被学术界承认。例如，吴文俊（1919年～）院士认为：中国传统数学以算法为中心，具有程序化、机械化的特点。由此受到启发，他把中国传统数学与当代计算机技术结合起来，开拓了数学机械化研究的全新领域。这一实例生动地表明了中国传统数学在当前科学创新中的关键作用。

以作者从事地震预测的亲身经历为例。从1966年开始地震预测，前20多年作者应用西方科学方法，在震前没有找到明显迹象可以用作预测1976年唐山7.8级大震；1988年以后，接触到《周易》，提出太极序列，把自然国学与西方科学结合起来，对1997～2003年发生在中国大陆的3次$M \geq 7.9$级的巨震有明确的中短期预测（或预感）[②③]。这表明，在地震预测中，应用"和实生物"思路的好处极大。

从学习、模仿西方科学的一条腿走路的发展战略转变到自然国学与西方科学相结合的两条腿走路的发展战略，这是中国科学发展在认识方面的一场观念革命，是对立足于还原论以数理化为主的科学基本概念的变革。这是具有中国特色的基本思想，与"优胜劣汰"思想指导下的科

---

[①] 刘长林、徐道一、宋正海、孙关龙：《自然国学研究的现代意义》，《科学》，2001年，第53卷第5期，第30～33页。
[②] 徐道一：《预测20世纪90年代中国大陆8级大震的成果及其理论意义》，见李克主编：《中国八级大震研究及防震减灾学术会议论文集》，北京：地震出版社，2001年，第24～30页。
[③] 徐道一：《2003年9月27日俄蒙中边界7.9级地震的中期预测及其重要意义》，《中国地震》，2004年，第20卷，第4期，第341～346页。

学技术的发展道路是不同的。

仅仅把"百花齐放,百家争鸣"当做当前发扬学术民主的一种方法是不够的,它应该是"和实生物"思想在文化、科学上的体现,是科学技术能不能不断发展、不断创新的基本前提。当然,"百花齐放,百家争鸣"只是反映了多样性的这一方面,通过协调多种学术思想来达到"和实生物"的理想境界的方面在其中还没有得到反映。

**4. 当前是提倡自然国学的大好时机**

西方科学成效辉煌(以数理化达到的突出成就作为主要标志),但面对当前人类困境(人口、资源、环境、持续发展等主要矛盾)却显得苍白无力,尤其在人与自然关系的认识环节上明显落后。

早在2500年前,中国已提出天地人三才之道、天人合一的理论观念,取象比类的研究方法,和实生物的发展观等,并使生存在严重灾害频发的恶劣自然环境中的、人口众多的中华民族持续发展了几千年。

近年来,胡锦涛郑重提出:要把自然科学、人文科学、社会科学等方方面面的知识、方法、手段协调和集成起来,不断认识和把握社会发展的客观规律……[①]这是从天地生人整体高度对中国科学发展提出了具体要求,应认真学习、贯彻。

21世纪,是发挥这些宝贵思想财富重要作用的时候了。尽管由于历史、教育等原因,目前国内学者对自然国学了解很少,但要学习、掌握自然国学是不难的。一旦掌握自然国学,再结合西方科学,进行"和实生物",那么一些有重大科学意义的自主创新会很容易地迸发出来,中国科学的发展会更加迅速。这是中国科学工作者的巨大优势。如果错把优势当包袱,真是错得太离谱了。

一个国家否定传统文化,也就是否定历史,否定民族精神,人为地割断自己的"根",不可能有好的发展。在自然科学方面亦是如此。如

---

① 《胡锦涛在两院院士大会上的讲话》,《北京日报》,2004年6月3日第1、2版。

和实生物　同则不继

果中国人把传统文化这一"宝贵财富"当成"垃圾"扔掉,"捧着金饭碗讨饭",岂不是太愚蠢了!

当前中国需要的是不同文明的对话,而不是一种文明对另一种文明的批判和冲突。在科学发展问题上亦应是如此。

### (四)"和实生物"是构建和谐社会的理论基础

以往在"优胜劣汰"和有关理论指导下,许多人认为,社会是在对立和冲突的框架内发展的。在这一观念的指导下,资本主义的迅速而不受限制的发展造成了人类有史以来的最大的社会、生态、环境等危机。当今举世的纷争、恐怖活动、战争等无一不是起因于对立,进而造成彼此怨恨越积越深。其结果是一方吃掉另一方,甚或两相毁灭,导致更深的对立和怨恨。西方国家的发展过程是一个不稳定的、充满动荡、不能持续发展的过程。

数千年来"和实生物"的观念已深入中国人的人心。如民间流行的"家和万事兴"、"和气生财"、"政通人和"、"安和乐利"等说法无不是对社会祥和、天下太平的描述。协调不同的社会利益,将人们的利益分化和利益差别限制在一个恰当的范围内,以促成社会成员各得其所,和睦相处。提倡"和实生物,同则不继",将它作为中华民族精神的一面旗帜,对于社会有重要引领和凝聚作用。

2004年9月中国共产党第十六届中央委员会第四次全体会议首次完整提出"构建社会主义和谐社会"的概念。建设和谐社会(以及后来提出的和谐世界)是中国当前和未来发展的目标,也是持续发展的重要标志之一。温家宝说:"中国自古就有以和为贵、和而不同、和实生物的思想。""'和实生物'就是说只有不同文明之间相互吸收借鉴,才能文物化新,推进文明的进步。'和'是中国文化传统的基本精神,也是

## 第五章 "和实生物，同则不继"在当代的现实意义

中华民族不懈追求的理想境界。"[①]

对为什么要建立和谐社会，能不能建成和谐社会的认识，存在一些根本性分歧，其根源在于理论认识上的深刻分歧。这反映了中、西方思想体系的根本差别的一个重要方面。

当前提倡构建和谐社会，但对和谐社会的理论基础问题的探讨尚少。在以上几节中已论述了"和实生物，同则不继"这一理论的基本内容，它与"优胜劣汰"发展观的差异，以及它在科技中的一些应用，在本节中，再结合建设和谐社会做一些补充。

### 1. 德莫大于和

《周礼·地官·大司徒》："六德：知、仁、圣、义、忠、和。"《春秋繁露·循天之道》："德莫大于和。"《孟子·公孙丑下》："天时不如地利，地利不如人和。" 古人将人和与天时、地利并列，作为事业或行为成功的三要素之一，突出了"人和"在社会发展中的决定性作用。中国古代提倡的许多有关人和的美德可以在21世纪加以发扬。如父子之间父慈子孝，夫妻之间相敬如宾，以及尊老爱幼、兄友弟恭等等。儒家主张上下"和敬"，邻里"和顺"，家庭"和亲"，与当前社会上人际关系冷漠、家庭解体、老人失养、儿童失教等现象形成鲜明对照。

从"和实生物"角度看"一国两制"的政策也就很容易理解了。大陆与台湾，内地与香港、澳门，都各有优点，是多样性。如从"优胜劣汰"的观念出发，非要争个谁优谁劣，必然会引起争吵、冲突，甚至战争。如果能联合起来，"一国两制"，两制共存，和平统一，则中华民族的振兴指日可待。和则两利，斗则两伤。走"和实生物"的道路是上策。

"和实生物"在自然界、社会和人体中是广泛存在的。万物得"和"而生，因"和"而长，赖"和"以存。中国人欣赏旭日高照、天

---

[①] 2005年12月6日，温家宝在法国巴黎综合理工大学的演讲。

### 和实生物　同则不继

高气爽、云淡风轻、高山流水、鸟语花香、月明星稀、花木茂盛等万物和谐相处的景象，这是自然界的"和"；对社会来说则表现为国家政局稳定、经济繁荣、人民安居乐业、友爱互助、家庭和睦、邻里友好，人人有"四海之内皆兄弟"的宽容胸怀，通过和平共处、和平竞赛，各扬其长，互补互济；对于人体来说则是五脏六腑功能协调，四肢百骸配合完好，身心安泰。

和谐不是同一，而是存在不同和差别，和谐状态下的不同双方或多方，彼此联系，互济互补，相互协调，相互渗透，相互转化，还会产生出新质和新生事物。

让不同意见充分发表，经过讨论，达成共识，形成决议。少数服从多数，允许保留不同意见，并保护少数不受歧视，不受打击迫害。不是人为地减少差异，而是在一定条件下还要保存差异，维持和发展多样性。有差别的事物共存具有缓冲性及相对稳定性。这就是说，不要求绝对服从。要求绝对服从，就是压制不同意见，就会"同而不和"。

组织与成员间要经常沟通对话，有了不同意见要及时化解，正确处理，彼此和谐相处。要善待他人，宽恕他人，帮助他人，严于律己。这样，就不会由于差异而发展为对抗性的矛盾。

因此，一身"和"则一身健，一家"和"则一家安，一国"和"则一国强。失"和"则争，失"和"则病，失"和"则乱，失"和"终亡。因此，"和"而生，"和"而睦，"和"而长，才是亿万人民的愿望。

这种"和"之德不是权宜之计，不是出于一己之私，而是发自内心，出自真实、善良的本能。发扬"和实生物"的精义，可使中华民族有较强的民族凝聚力，在对事物的处理上有较强的整体及长期观念。

### 2. 和谐社会

中华民族在几千年的发展历程中，跌宕起伏，有安居乐业之世，也有内忧外患之时，但人民追求"和"、"和平"的信念和行动从未改

## 第五章 "和实生物，同则不继"在当代的现实意义

变。进入20世纪中叶以来，中国发生了巨大的变化，取得了举世瞩目的伟大成就，但在高速发展的同时也出现了一些问题。怎样更好地解决问题？我们应该建设怎样的社会？需要中华民族去探索，"和实生物"是指导我们探索前进的思想基础。

前已提及，儒家描绘了人类社会和谐的理想境界："大道之行也，天下为公。选贤与能，讲信修睦。故人不独亲其亲，不独子其子；使老有所终，壮有所用，幼有所长，矜寡孤独废疾者皆有所养；男有分，女有归；货恶其弃于地也，不必藏于己；力恶其不出于身也，不必为己。是故谋闭而不兴，盗窃乱贼而不作，故外户而不闭，是谓大同。"这是古人对大同社会的描述，其核心理念是重视各个方面的人群（亲、子、老、壮、幼、男、女等）、包容（不独亲其亲，不独子其子等）、协调（讲信修睦，天下为公等）。

社会主义和谐社会显然与资本主义社会有较大的差异。2009年11月9日英国广播公司（BBC）公布的对27国民众的调查表明，仅有11%的人认为资本主义在正常运行，而有23%的受访者认为资本主义存在致命弱点，世界需要新的经济制度。在27个国家中，15个国家有半数以上的人认为大企业应该归国家所有或由国家控制多数股份。报道称，这次全球金融危机对前东欧社会主义国家的巨大冲击使得很多人对资本主义市场经济产生怀疑。[①]

因此，和谐社会在一些基本问题方面要与资本主义社会有本质区别，才能克服后者的缺点。下面从"和实生物，同则不继"角度，举几个事例加以说明。

### （1）经济管理

2008年美国以及其后世界经济危机的发生表明，仅靠市场经济（依靠无形之手调控），取消政府经济管理的经济发展道路会造成社会大的动荡不安，因此是走不通的。

---

[①] 纪双城等：《27国民众质疑资本主义》，《环球时报》，2009年11月11日。

## 和实生物 同则不继

有学者提出"现代市场经济与和谐社会完全相容"的看法，认为："在现代市场经济制度下，人们为了追求利益，相互竞争，使得经济充满活力，可以很好地解决效率问题，自由竞争的市场可以导致社会福利的最大化。在尊重个体对其个人利益追求的同时，也能达成社会的和谐。相信一个相对完善的市场经济体制可以达成和谐社会所应满足的主要特征。"上述对和谐社会的看法显然是没有认真考察这次经济危机的教训。市场经济的理论根据是"优胜劣汰"，而和谐社会的理论根据是"和实生物"。因此，市场经济是不可能与和谐社会完全相容的。

在和谐社会的经济管理方面，要发挥多方面的作用，照顾多方面的利益，兼顾眼前利益及长远规划。20世纪中叶总结的"十大关系"，当前提出的减少城乡、地域的发展不平衡等，都是立足于"和实生物"的基本点来处理的。

市场经济也是经济多方面的一个组成部分，应发挥它的重要作用，但也要"以他平他"，而不是把市场经济放在"独霸"地位。

有关报道称，由于资金、移民、生态保护等问题的困扰，南水北调工程推迟5年进京供水，其原因在于相关各方利益的平衡难以协调。民众能够明确主张自己的合理利益，地方政府也有其地方利益，对上级政府计划也不会不计相关利益而言听计从。这说明随着改革开放，各方的利益主体意识日益明显，维护和争取合理的自身利益成为一种正常的社会现象。不同利益主体有不同利益诉求，应该得到社会的尊重，拥有充分的表达权；唯有利益主体之间平等协商，才能达到利益的合理平衡。涉及多方利益的公共事务，平等协商、互惠互利是一个基本准则。从长期观点看来，这是利大于弊的。

因此，所谓的"小政府，大社会"的西方国家的管理模式不能适合当前的中国国情。由世界经济危机的教训看来，政府一定程度加强对经济的管理（统一）是有利于多种经济成分的协调发展的。

### （2）经济结构的多种多样

20世纪80年代改革开放以来，实行多种所有制，体现了"和实生物"的观念，使国民经济有了快速发展。在这一过程中，一些学者片面强调"市场经济"的优越性（把"优胜劣汰"提高到不适当的程度），忽视了其它所有制的重要作用。

美国引发的金融危机波及世界，中国也受到冲击，最大影响是以外向型为主的企业的出口受阻，下滑很大。中国以出口、投资驱动的经济增长出现了减速的危险。

金融危机暴露了中国经济结构的不平衡，即过分依赖出口和投资，居民消费长期不足。中国居民的消费率和世界平均值相比低20个百分点，而中国的投资率和世界平均值相比高20个百分点，出口占中国GDP的份额接近40%。

中国经济要想长期稳定、持续发展，必须使经济结构多元（所有制多元），即扩大国内消费，与出口、投资协调发展。国内消费（包括物质消费和精神消费）应占主导地位，最大限度地减少贫富差距，改善民生，解除大众的后顾之忧，提高人民的综合生活水平；要提升出口的高附加值，出口市场多元化。人是社会动物，人们应彼此依存，利己必须要以利他为条件，提倡利益的多元化。

美国经济学家埃莉诺·奥斯特罗姆（Elino Ostrom，1933年～）和奥利弗·威廉森（Oliver E. Williamson，1932年～）一同摘取2009年度诺贝尔经济学奖。奥斯特罗姆并非经济学出身，而是政治学博士，研究对象也不是严格意义上的经济学。她认为：既然地方社会能从共有资源上获益，自然也有保护这种资源的动机，进而发展出自己的共管机制，以解决纠纷、分担责任、分享利益、惩罚违规者。比起私有化或者被国家管制的资源来，这些在共有状态下的资源往往得到了更好的保护和利用。例如，一次她去朋友家做客，很羡慕他家后院的宽阔草坪。当发现草坪尽头有户邻居时就问："你这草坪的地界在哪里？"朋友说："我买了房子就去找那家邻居，说咱们都不划界筑篱如何。这样一来，两家

和实生物　同则不继

中间这块大草坪，从你家看是你的，从我家看就是我的。咱们都多了不少地。"结果，双方不仅没有过分使用、侵占的问题，反而都精心把自己一方的草坪修剪整齐，还经常互助。本来可以通过筑篱笆而明确产权的私有资源，被自愿转化为共有状态，反而效益更高。上例说明，两家共有制也存在优点。

因此，所有制多样化是有必要的，关键在于如何能使不同所有制之间"和实生物"。

### （3）教育思想的多元化

现行的教育思想存在提倡人才成长的"独木桥"的误区，似乎仅有通过上大学（还要名牌大学），才是唯一的出路，引起一系列的社会问题。

在中国现行的教育体制中，升学率是"硬指标"。一些老师无奈地说，目前中考、高考仍是选拔学生的主要方式，关系着老师的评优、晋级，为了让学生考出好成绩，老师无形中就把压力转嫁给了学生。有家长说："只要应试制度存在一天，减负就不可能执行。"由于课业负担太重，许多学生对学习越来越不感兴趣，身体健康越来越差。家长只关心子女的学习成绩，为帮助子女应付学习也付出了巨大代价。同时，有相当比例的大学生毕业后找不到工作，而产业中需要的技术人才不能满足需求。

这些困境的原因在于目前的教育成才标准倾向"一条腿走路"，用人制度严重唯学历论，也造成学历泡沫化，这是在教育思想中没有体现"和实生物"思想、片面强调"优胜劣汰"的结果。

俗话说："七十二行，行行出状元。"城乡、区域之间教育资源的不平衡（差异）会长期存在的。因此，必须更新陈旧观念，使大家能认识到，成才标准要多样化，教学方法和评价标准多元化。只有这样，中国的教育才能人才辈出。

### （4）对政府的考评的多种形式

应该由谁来考评政府绩效？首先是考评者的多样化。政府权力来自人民，必然要对人民负责，人民是考评政府政绩的天经地义的主体。

其次是考评标准多样化。一段时间以来，自上而下的政绩考评标准，是以GDP增长为核心的评价考核体系，这一标准是不全面的。科学的政绩考评标准，应是一个综合评价系统，既要考核经济，同时又要考核民生、社会、文化、科技和资源环境；既要评价"成绩"又要评价"效果"。最后是考评目标民意化。只有人民普遍参与的评价考核才是真正有效的考评，政府政绩考评要始终以人民（公众）满意度作为核心衡量标准。要比较好地解决政府绩效评价考核，需要一个过程。近日，华南理工大学公共管理学院课题组正式发布《2009广东省地方政府整体绩效评价报告》，课题组将政府职能定位在促进经济发展、维护社会公正、保护生态环境、节约政府成本、实现公众满意五个方面进行考评。

再次，考评方式多样化。网络意见和舆论已经成为权力监督及社会监督的一个有生力量，推动了社会的进步。互联网这种新兴技术、平等使用的方式和政府的开明造就了这样一种生动活泼的局面。有些事件，特别是以前不广为人知的事件，一经网络曝光和传统媒体跟进，很快便能获得一定程度或比较圆满的解决。网络意见和舆论在一定程度上代表着民意，绝不能忽视。"我们是有身份的人"——这话最近蹿红互联网。大闹莫高窟、掌打女讲解员的"最牛团长夫人"夫妇，已被新疆生产建设兵团免去各自职务。此次事件，新疆生产建设兵团一开始就采取了积极主动的态度，直接利用网络平台与网友平等沟通，重视舆论社会效果，处理迅速。

信息公开、及时沟通、妥善处理，是正确对待舆论监督和社会监督、赢得公众信任的三大法宝。

构建社会主义和谐社会，绝不是要求所有的社会成员整齐划一，而是必须承认差别，承认每个人的特殊性。只有发扬社会主义民主，尊重人的个性，充分激发人的创造活力，并且形成一种强大的合力，我们的

和实生物　同则不继

社会才能实现真正的和谐。

（5）"和实生物"的政策取向

新中国成立60年以来的许多行之有效的重要政策都是与"和实生物"的观念一致的。如对民主党派的"互相监督，长期共存"，在学术领域的"百花齐放，百家争鸣"，对香港、澳门的"一国两制"，外交方面的"和平共处"，对少数民族的"区域自治"等。

新中国由56个民族组成，各民族在政治上是平等的，实行少数民族区域自治制度；在经济上实行向少数民族扶持政策；在文化上保护和发扬各民族的优秀文化，特别是对人口数量较少的民族文化；宗教上尊重人民的自愿选择和信仰。56个民族生活在新中国这个大家庭里，其乐融融。历史上中央政府对少数民族大多是比较包容的，新中国的民族制度和政策传承了中国历史上优秀的传统，体现了更为博大的胸怀和平等精神。

在不了解真实情况的情况下，一些西方人士近年来在西藏的民族问题上向中国发出不满的声音。2009年9月11日至18日，一个由英国议会多党派中国问题小组成员组成的代表团到西藏访问以后，代表团成员在伦敦议会大厦举行新闻发布会，公布了访问报告。报告表示西藏目前有藏传佛教各类宗教活动场所1700余处，充分显示出西藏人民享有宗教自由的权利。中国政府出资7亿元人民币用于庙宇以及宗教场所的修缮。报告还对中国在保护和改善人权方面取得的进展表示赞赏。从一个侧面表明，中国政府在民族政策方面是体现了"和实生物"的思想。

汤一介（1927年～）提出，社会是一个互享权利、互尽义务的命运共同体，表现为"相依为命，同舟共济"。在正常情况下，人们总会自觉不自觉地按照这个定律去安排生活、组织生产，否则就会付出惨重的代价。[①]

---

[①] 汤一介：《新轴心时代与中国文化的建构》，南昌：江西人民出版社，2007年，第211～218页。

## 第五章 "和实生物,同则不继"在当代的现实意义

构建社会主义和谐社会,是新的历史时期乃至更长的历史时期中国内政的核心。和谐社会与我们每个人息息相关。其总体布局是经济、政治、文化、社会、生态文明建设五位一体,相互联系、协调有序,可使新生事物不断涌现。

### 3. 和谐世界

从18世纪到20世纪上半叶,在"优胜劣汰"思想的主导下,少数几个大国瓜分世界,大体上形成资本主义的政治全球化。20世纪50年代以来,"国家要独立,民族要解放",受压迫的民族、国家纷纷独立,形成多种多样制度、国家,这是资本主义政治全球化的破产,也是"优胜劣汰"发展观在政治层面的破产。同时,是政治上"和实生物"的具体体现。

从国家和世界的范围看来,"人和"就是和平。在国际交往上,"和实生物"是中国外交政策中"和平共处"五项原则、"不称霸"、"和为贵"等政策的理论基础。中国人民爱好和平,这是有深远的文化源流和几千年事实依据的。

2005年12月31日,胡锦涛主席在新年贺词中表示:"中国人民殷切希望同世界各国人民一道,加强团结,密切合作,携手建设一个持久和平、共同繁荣的和谐世界。"各国人民都把维护世界和平放在人类社会未来发展目标的首位。

(1)和平

当前人们常用的"和平"一词在《周易》中已出现(可能是首次出现)。《周易·象·咸》:

> 天地感,而万物化生。圣人感人心,而天下和平。

这里的"和平"的涵义与史伯、晏子关于"和实生物"的见解是一致的,应是多种多样事物的统一。在这段话中,先讲了天地之间的

## 和实生物　同则不继

感应，可以产生万物（包括人），圣人（有学问的人）与人民之间的感应（与大众心心相印，以人道引导大众），后来谈到天地万物，是涉及多种事物之间的关系。"天下和平"中的"天下"指的是人类社会，与天地相区别，"和平"是指各种事物的和谐相处的情景。《周易·彖·咸》把"和平"与天地之间的"万物化生"相提并论，立意高远，思想深刻，视野广阔。因此，"圣人感人心，而天下和平"的涵义是相当丰富和深刻的。

查《辞海》"和平"条目下列有六个义项，其中第四、五、六义项分别为县名、区名和年号，属专有名词，此处不论。第一个义项与战争相对，并举《宋史·孙沔传》例："比契丹复盟，西夏款塞，公卿忻忻，日望和平。"第二义项为和顺，举《礼记·乐记》例："耳目聪明，血气和平。"第三义项为乐声和顺，举《诗经·商颂·那》例："既和且平，依我磬声。"《辞源》在解释"和平"时，也着眼于"战乱平息，秩序安定"这一含义，并举《管子·正》例："致德其民，和平以静。"

实际上，这里的"和平"不仅仅指没有战争的安定生活。"和平"一词当源于表示乐声和谐的"和"与"平"。《国语·周语下》："声应相保曰和，细大不逾曰平。""夫有和平之声，则有蕃殖之财。""和平"同"和实生物"中的"和"有着一脉相通的含义，比"战乱平息，秩序安定"的内涵深刻与广泛得多。

在史伯论"和实生物"中，提及"以他平他谓之和"，这也许是"和平"一词的前身。它不仅仅是一般理解的"没有战争"，而是含有更为广泛和深刻的意义。

战争的根源来自于分歧、对立、对抗、矛盾、斗争。当各种事物之间的矛盾尖锐化，走到极端，往往就要通过战争来解决争端。战争是一方或多方傲慢狭隘、利己主义、互不信任及过分使用武力的结果。如果人与人（国与国）之间能互相沟通，相互理解，和睦相处(即《周易·彖·咸》的"感"）,各种事物（包括人）都能各得其所（即《周易·文言·乾》中的"各正性命"），这样的"和平"、"太和"的境界不仅仅是不

## 第五章 "和实生物，同则不继"在当代的现实意义

发生战争，而更是人类社会的理想境界。

和平是人类社会实现安居乐业和持续发展的根本前提，要树立互信、互利、平等、协作的新安全观，建立公平、有效的集体安全机制，共同防止冲突和战争，维护世界和平与安全。

（2）国与国之间和平共处

中国首先提出"和平共处五项原则"（即互相尊重主权和领土完整、互不侵犯、互不干涉内政、平等互利、和平共处），其中的"和平"就不能仅作为"非战争"的涵义理解，而是"和实生物"观念在外交（国际关系）领域中的现代应用。

和平共处五项原则，已经成为世界许多国家建立和发展国与国之间相互关系的准则。五项原则建立在"和实生物"（主权国家一律平等）的理论基础之上，国家不论大小，不论经济"发达"还是"发展"，都应一律平等。实际上，只有在理论上承认不论国家大小、历史久暂、实力强弱，都是世界发展不可缺少的一部分，才能建立真正平等、友好、互利、互补、互助、和平共处的理想境界。温家宝在2006年9月10日至11日的第六届亚欧首脑会议上说："中国有句古话：'和实生物，同则不继。'我们应以平等作为交融的前提和基础，开展创造性的对话，共同创造和谐多彩的人类文化。"

"和平"是指各种事物和谐相处的情景，它不仅仅是一般理解的"没有战争"。"和平"的概念强调多样性，承认多种多样国家和民族的存在是必需的，这样才能促使国家之间的平等交流和和谐世界的发展；不同国家和民族之间应和睦相处（和平共处），互相配合和协调。这就是"和平"的真正意义。这样的"和平"的概念自然比"没有战争"的涵义要丰富得多了。目前，《辞海》及《辞源》中把"和平"仅仅理解为没有战争的提法值得商榷。

把"和平"仅仅理解为"没有战争"，那是比较狭隘的。这个涵义可能是依据英文的"peace"转译过来的。在21世纪，如果能把"和平"

的深刻涵义广泛宣传,使之家喻户晓,则可以减少国家、地区、民族之间的纠纷和战争,世界就会多一些繁荣和进步。

杨金海(1955年~)认为:中国人每一次面对外来文化都不是简单地将其拒之门外,而是以海纳百川的包容精神学习和吸取其中的精华,从而丰富和发展自己的民族文化,于是便出现了人类文化发展史上的奇迹:佛教产生于印度而发展于中国,马克思主义诞生于欧洲而繁荣于中华大地。广而言之,中国的文化多元、宗教多元情况是其他民族国家所难以比拟的,但中国历史上很少发生西方意义上的文化冲突,更没有宗教战争。[1]

在西方,有些学者亦提出过对"和平"的广义理解的问题。汤因比(Arnold Joseph Toynbee,1889~1975年)早已指出:"恐怕可以说正是中国肩负着不止给半个世界而且给整个世界带来政治统一与和平的命运。"[2]贝恰认为:"和平是一种无形的价值,是心灵与精神富有文化教养的一种状态。""和平是民众之间相互理解、宽容、尊敬、团结自然带来的成果,它只能从民众的内心里萌生。"[3]艾德勒(Mortimer Jerome Adler,1902~2001年)说:"全世界必须认识到,和平不仅仅是某种消极状态,即没有战争。和平作为一种积极状态指的是每个人和每个民族都能够通过法律和对话,而不是武力来解决他们的一切问题、他们的一切冲突。"

### (3)人与自然的和谐相处

人类文明的多样性、自然的多样性、人与自然的和谐相处是和谐世界的基石。人类社会历史的演变和进步是各种文明流传与交流的结果,这种文明的多样性实现了人类社会的丰富多彩和健康发展,促进了

---

[1] [美]田辰山:《中国辩证法:从〈易经〉到马克思主义》,萧延中译,北京:中国人民大学出版社,2008年,序言一,第3页。
[2] 《展望二十一世纪——汤因比与池田大作对话录》,北京:国际文化出版公司,1985年。
[3] 池田大作、奥锐里欧·贝恰:《二十一世纪的警钟》,北京:中国国际广播出版社,1988年。

## 第五章 "和实生物，同则不继"在当代的现实意义

人类社会的和谐进步；自然世界的生成和变化是各个物种繁殖与融汇的结果，物种的多样性实现了自然世界的五彩缤纷和不断延续；人类的存在和繁衍是大自然的产物与恩赐，可以说，大自然给予了我们一切，人类脱离了自然便不能生存，人类只有倍加珍惜爱护自然，与自然和谐相处，才能实现自身更好的生存和发展。

目前，人与自然处于相当紧张的状态。由于人自以为高于一切，企图"征服"自然，无限制地使用及浪费着自然资源。为了争夺资源造成国与国之间的紧张状态的事例很多。

因此，人类社会应该以"和实生物，同则不继"的广阔胸襟，平等包容的精神，开放交流的行动，坚持文明的多样性，加强不同文明之间的平等交流；要真诚地认识到各种文明有历史长短之分，无高低优劣之别。历史文化、社会制度和发展模式的差异不应成为各国交流的障碍，更不应成为相互对抗的理由。尊重各国自主选择社会制度和发展道路的权利，努力消除相互的疑虑和隔阂，使人类更加和睦，构建各种文明兼容并蓄的和谐世界。

# 结束语

在20世纪，中国古代的"中"及"和"思想被看成是与马克思主义相对立的折中主义、调和主义而大受批评。现在虽已对它不再抱否定态度，但在理论上仍没有真正理解"和实生物"的精髓。

近百年来，贬低中华传统文化的一个很重要理由是：在古代自然科学研究方面中华传统文化仅有经验，没有理论。这是一种缺乏历史根据的片面认识，因而是错误的。但遗憾的是，这种错误观点一直为一些学者所信奉和宣扬，使海内外对中国的自然国学产生种种误解。实际上，中国古代提出了许多理论，仅仅是当代人遗忘了或不理解而已。"和实生物，同则不继"就是被现代人遗忘了或不理解的古人早已提出的一个重要的理论观念。

20世纪人类经历了两次世界大战的浩劫。人们如何能够维持长久和平，避免20世纪那样的灾难，是人们最为关心的一个问题。在21世纪，全球有近200个国家、地区，约千个民族，每个国家中又有千万个企业、公司、商家，他们都要求发展、进步。而人类只有一个地球，它的资源、空间有限，不可能满足人类不加限制增长的需求。搞不好人类就要破坏生态环境，自取灭亡。毋庸讳言，人类正在进入一个前所未有、也很难预测其前景的新时期。

宣扬和贯彻"和实生物，同则不继"的精神，使身和则健、家和则安、国和则兴、全球和则世界和平。这就是我们对和谐社会、和谐世界的描述。提出建设"和谐社会"的目标有助于协调天地生人，特别是人与人之间的冲突，使21世纪中国成为持续发展的国家。

### 和实生物　同则不继

"和实生物，同则不继"是中华传统文化的发展观。它不仅是中华民族几千年来持续发展所依据的主要理论概念，而且是未来人类社会健康发展的重要观念之一。

# 参考文献

[1] 张岱年.中国古典哲学概念范畴要论[M].北京：中国社会科学出版社，1989.

[2] 刘长林.中国系统思维[M].北京：中国社会科学出版社，1990.

[3] 张立文.和合学概论——21世纪文化战略的构想[M].北京：首都师范大学出版社，1996.

[4] 卢嘉锡，路甬祥.中国古代科学史纲[M].石家庄：河北科学技术出版社，1998.

[5] 卢嘉锡.中国科学技术史[M].北京：科学出版社，1998～2008.

[6] 苏秉琦.中国文明起源新探[M].北京：生活•读书•新知三联书店，1999.

[7] 宋正海，孙关龙.中国传统文化与现代科学技术[M].杭州：浙江教育出版社，1999.

[8] 徐道一.周易与21世纪[M].广州：广东教育出版社，2000.

[9] 达尔文.物种起源[M].舒德干，等，译。北京：北京大学出版社，2005.

[10] 孙关龙，宋正海.自然国学——21世纪必将发扬光大的国学[M].北京：学苑出版社，2006.

[11] 徐道一.周易•科学•21世纪中国——易道通乾坤，和德济中外[M].太原：山西科学技术出版社，2008.

# 总跋

《自然国学丛书》第一辑（9种）终于出版了。

《自然国学丛书》于2009年5月正式启动，当即受到众多专家学者的支持。在一年左右的时间内有近百名专家学者商报选题，邮来撰写提纲，并写出40多部书稿。经反复修改，从中挑选9部作为第一辑出版。

在此，我们深深地感谢专家学者的支持和厚爱，没有专家学者的支持，《自然国学丛书》将是"无源之水，无本之木"；深深地感谢"天地生人学术讲座"及其同仁，是讲座孕育了"自然国学"的概念及这套丛书；深深地感谢支持过我们的武衡、卢嘉锡、路甬祥、黄汲清、侯仁之、谭其骧、曾呈奎、陈述彭、马宗晋、贾兰坡、王绥琯、刘东生、丁国瑜、周明镇、吴汝康、胡仁宇、席泽宗等院士，季羡林、张岱年、蔡美彪、谢家泽、罗钰如、李学勤、胡厚宣、张磊、张震寰、辛冠洁、廖克、陈美东等资深教授，没有这些老专家、老学者的支持和鼓励，不会有"天地生人学术讲座"，更不会有"自然国学"的提出及其丛书；深深地感谢深圳出版发行集团公司及其海天出版社，特别是深圳出版发行集团公司原总经理兼海天出版社原社长陈锦涛，深圳出版发行集团公司现总经理兼海天出版社现社长尹昌龙，海天出版社总编辑毛世屏和全体责任编辑，他们使我们出版《自然国学丛书》的多年"梦想"变为了现实；也深深地感谢无私地为《自然国学丛书》及其出版工作做了大量具体工作的崔娟娟、魏雪涛、孙华。

当前，"自然国学"还是一棵稚苗。现在有了好的社会土壤，为它的茁壮成长创造了最根本的条件，但它还需要人们加以扶植，予以浇

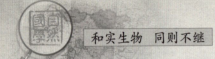

水、施肥,把它培育成为国学中一簇新花,成为发扬和光大中国传统学术文化的一个新增长极。"自然国学"的复兴必将为中国特色的社会主义新文化、中国特色的科学技术现代化作出应有的贡献。

《自然国学丛书》主编
2011. 12